數十萬粉絲敲碗，最想知道
神級保養清單大公開！

Asia's most
beautifull medical
Goddess!

「最會賺錢的窮人」
「女人61道陷阱題」
知名暢銷作家、圓夢教主

張老瑜

一個女人要同時兼顧工作和家庭是很困難的一件事！

王醫師有 3 個孩子，因為喜愛孩子的緣故，她花了很多時間陪伴孩子，因此保養方式她都是選擇簡單又有效的，可以兼顧工作和家庭，適合每個忙碌的女生在工作之餘立即保養，書裡我最喜歡她提到媽媽們的心聲以及保養祕訣，像是頸部保養真的很容易被忽略，頸部是最容易洩漏年齡的地方，頸紋比臉紋更難處理，

像我頸紋就比較深，看了她的祕訣之後打算天天花時間保養一下！

真心推薦這本書，王彥文醫師是個充滿智慧的母親與妻子，書裡有一段提到她本身就是**效率姊**，不管是美膚保養還是工作，她會把每天要做的事情做最有效的規畫，連做家事也是，先把衣服丟進洗衣機、再煮開水，煮開水的同時順便洗好中午要煮的菜，接著吸地板，因為先把路線和時間在心裡規劃好了，所以可以完全不浪費時間，快速地完成家務事！

然而，只要在老公和孩子的旁邊，她就會慢下來享受親子時光，和孩子一起看看書、陪老公聊聊天，平常回家也不會把工作情緒帶回家，她認為工作情緒就留在工作時刻，回家就是要拋開這些惱人的思緒，和我的想法不謀而合，我認為：

『永遠不要浪費你的一分一秒，去想任何你不喜歡的人事物。』有好的情緒，才能兼顧好事業和家庭。

我在王醫師身上看到，即使再忙碌，女人一定要愛自己、找到自己的價值、創造自己的魅力（外在內在一起變美），過 **"好"** 人生比過日子更重要！

Table
Of
Contents

目錄
Contents

丸女神

不只是美

我們更要 *Charming*！

　　我們先來談談「美」這件事吧！大家都說符合黃金比例就是美，比如鼻寬與嘴寬比率應為 **1 比 1.618**，鼻子的長度必須是臉型的三分之一，人中到上唇與下唇到下巴的比率也是 **1 比 1.618**，很多網紅臉和女神臉幾乎都接近黃金尺寸，成為每個女生羨慕的完美臉型。

　　不過，真的黃金比例就是美嗎？大家應該還有印象幾年前韓國選美的新聞吧？當時 21 位佳麗都長 (整) 得一樣，好像**複製人軍團**，引起國際嘩然和議論，所以如果一味追求黃金比例，全臉都按照黃金比例來整形，就會失去個人特色，也會美得很不自然、缺乏真人感。

　　現在錐子臉當道，范冰冰這些明星真的美得非常驚人，我常常看著她們照片都會忍不住讚嘆：「天哪！這些人的臉好完美！零死角耶～」不過讚嘆歸讚嘆，就像有些 Chanel 的高級訂製服真的是美到不行，可是我們穿起來就是不怎麼適合自己啊！

我最喜歡說的一句話：「找到最美麗的自己」，最後兩個字「自己」才是重點，上面講到的韓國複製人就是把「美」標準化了，忽略自己與生俱來獨特的魅力。因為每個人基本臉型不一樣，最好的方法就是細部微調一下五官比例，同時又保留個人特色，所以找到自己適合的美感，比追求完美臉蛋更重要！

美除了外表之外，更重要的是要由內而外散發的一種氣質和靈性，你一定常發現有些人長得明明沒有很美、很帥啊，可是你就是會不由自主的被他們吸引，他們的一舉一動都讓你覺得很著迷，這就是**魅力**！有魅力的人，比有美麗外表的人，更耐看、更有人緣、更想讓人接近。

「堅強的美麗」是我從小的座右銘，我特別喜歡 Angelina Jolie、Emma Watson、章子怡、還有鐵娘子柴契爾夫人。我喜歡她們共通的特質：臉上散發一股很強的英氣、眉宇間充滿自信，對事情有自己的見解，為了想做的事勇往直前，不服輸，還帶有一點不在乎外界眼光的率性，這些女人真的是太酷、太迷人了！我都會默默把她們當榜樣，希望自己成為一個堅強又美麗的職業婦女，讓我的存在就是家人最好的依靠。我想，對自己在乎的事情永不屈服的堅持、散發出一種銳不可擋的氣勢，就是最迷人的魅力了！

嘿！女孩們，從閱讀這本書開始，我們不瘋狂追求完美臉型，只要用對方法微調五官比例、把肌膚調養得水潤透白、不忘充實內在，當個連自己都忍不住愛上的 Charming 女孩吧！

快狠準女王!

FAST AND ACCURATE
BEAUTY QUEEN

俗話說得好
「保濕防曬做得好，職業婦女不會老。」

　　身為一個非常愛美的女人、三寶媽，以及職業婦女的綜合體，我要求自己的保養方式一定要做到「快、狠、準」！CP 值要很高，絕對不浪費時間！因為我真的沒時間在那邊仔細塗抹化妝台上的一堆瓶瓶罐罐，白天出門時更不可能像以前一樣對著鏡子慢條斯理的化好一個完美的妝，晚上回到家，要卸妝又要保養，但通常都累到快癱了，哪還有精神把繁複的保養流程做一遍？

　　我曾經嘗試過一邊敷臉、一邊哄兒子睡覺，結果寶貝不是來舔面膜就是一直想把我臉上的面膜扯下來，搞得我跟小孩身上全都是面膜的精華液，好像打了一場仗一樣，敷臉流程只好草草結束！應該大部分媽媽都有這樣的經驗吧？But，你以為年齡之神會看在我們職業婦女這麼辛苦可憐、沒時間敷臉保養，就饒過我們，從此賜給我們一張萬年不老的臉皮嗎？當然不可能！

　　老化齒輪是一直在往前滾動的，管妳是貴婦還是忙碌的 OL 都一樣，所以如果我沒辦法找到一個很有效率的保養方式，來延緩或對抗老化的問題，那麼日益下垂的嘴邊肉和日漸粗大的毛孔，恐怕就要陪我終老了……

凍齡第一名的「雙波療法」

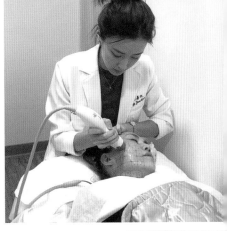

我很幸運的是身為醫美的醫師，不但可以知道第一手美容保養的相關資訊，也能了解哪些療程可以針對自己現在的問題來改善、哪些療程的 CP 值最高、哪些可以符合我「**快狠準女王**」的訴求！例如要我選出「凍齡」療程的第一名、TOP1，那麼絕對是非**音波和電波拉提**莫屬！請愛美的女生們一定要試試看。

醫學美容中非侵入式的拉提，例如：音波、電波，都已經流行好久了，以前都是分開施打，因為無法一次同時滿足不同部位的需求，但現在已經進步到有「**雙波治療**」了，儼然是目前非侵入式拉提的主流。

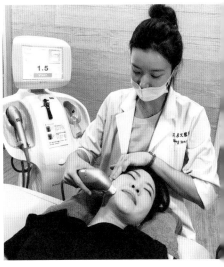

女人生完小孩或過了 30 歲之後，會明顯感受到臉部的嘴邊肉和法令紋開始增加、變明顯，主要是由於我們的筋膜層鬆弛，加上膠原蛋白流失的關係。

音波和電波拉提都是用熱能的方式，直接作用在臉部的筋膜層和真皮下層，**完全沒有恢復期、沒有傷口、術後不需要特別照顧**，很適合媽媽們或是忙碌的 OL 做為肌膚緊緻的保養工具！

音波拉提深度可至傳統手術拉皮的「筋膜層 SMAS」，達到**拉提**的效果。而電波則是針對「真皮層」全面容積式的加熱，達到「**膠原蛋白增生**」、緊緻肌膚、改善細紋的效果。

這樣的「雙波治療」，可以針對大家很在意卻又會因為單一機種難以處理的嘴邊肉、法令紋、眼周、額頭等區域做加強，會有令人十分滿意的效果喔！雙波治療的另一個好處是，因為搭配了兩種機器，所以各別的治療發數可以降低，也就是說，**花費減少但效果更好**，有更高的 CP 值喔！

「保濕 3 元素」的超效保養術

除了醫美之外，平時我的保養非常簡單，關鍵就是「**保濕防曬**」這 4 個字！

俗話說得好：「保濕防曬做得好，職業婦女不會老。」(開玩笑的，這我自己編的……) Anyway，保濕防曬真的很重要，而且保濕的部分千萬不要貪圖「**清爽**」兩個字，因為**保濕三元素：「水、油、角質」**是缺一不可的！

油和角質是用來鎖住肌膚水分的，如果一昧追求清爽，那就像是補充一堆水在臉上，卻沒有達到鎖水的功效，除非妳可以每 2 個小時就補擦乳液一次，但是這樣就太浪費時間和乳液了，不符合**快狠準**的效能和需求，所以這個方法 OUT ！

很多人並不知道，保濕的二大重點：**補水和鎖水，是同等重要的！**補水就像幫皮膚灌溉，而鎖水就像是幫吸飽水的皮膚蓋上一層保護膜，防止我們補進去的水分流失。如果只做到補水而沒有鎖水，補進去的水分還是會一直流失。所以，一定要補水 + 鎖水都做到，才是完整的保濕喔！

其實「**敷面膜**」就是我們最常見的補水方式，如果沒時間敷面膜，也可以多使用一些補水的成分，例如：**玻尿酸、尿素、r-PGA、藻類粹取物**等。

而鎖水，就是在補水之後幫助我們把補進去的水分鎖在肌膚裡，最常見的成分就是**神經醯胺、角鯊烯、荷荷巴油**等。不過鎖水的成分通常比較油，很多人不喜歡擦，但其實只要選擇好吸收的鎖水產品，就一點都不會讓肌膚覺得悶，皮膚反而會很細緻喔！

另外，現在很多品牌都有推出美容油，這也是一種很不錯的鎖水方式，市面上有很多補水和鎖水的保濕產品，找一個適合自己的吧！

一般來說，我的保養順序是這樣的：**化妝水**（使皮膚表層濕潤，之後的精華液才好吸收）→**敷面膜或玻尿酸**（補水）→視情況擦不同功效的**精華液**→**油性保濕產品**→**乳液**（最後用來 cover 住剛剛擦進去的那些精華液）。

女王の快狠準纖體運動

我懷第一胎時，總共胖了 20 公斤，雖然自己覺得胖太多了，但是大家都說：「沒關係阿，孕婦本來就是這樣！」，所以我就一直沉浸在「**孕婦是胖胖美**」的幻想之中。

其實，懷孕初期我還滿忌口的，只吃健康的食物，覺得對寶寶也比較好，到懷孕 5 個月之前，我大概只胖了 2 公斤左右，不過後來因為工作被調到加護病房去，壓力變得比較大，吃外食的機會增加，懷孕後期我甚至每天都會吃一塊蛋糕和一些垃圾食物，**大概有 18 公斤都是在懷孕後期胖的**，整個人變得很龐大一隻！

直到生完之後，面對家人嫌棄的眼神（不是老公，是我媽跟我弟），以及再也塞不進去的洋裝，這才狠狠的把我敲醒，於是我認真的下定決心要好好運動來減肥！

啊！孕婦就是要胖胖美

由於職業婦女是睡不飽的，所以別想叫我少吃，勞累又餓肚子我一定會崩潰！因此只能用運動的方式來減重，由於要符合「**快狠準女王**」的名號、沒時間可以浪費、要快速達到纖體瘦身的目的，所以我選擇短時間內可以大量流汗的運動，像是**核心運動和肌力訓練**，例如深蹲、捲腹等，通常每天晚上孩子睡著後我會花大約 30~40 分鐘做一些核心運動，快速的運動完後再去洗澡，**大概維持了 6 個月，體態就完全恢復了！**

減重的效果是慢慢出來的，記得不要一直看體重計上的數字，要看你的身型。身體脂肪少、肌肉多，身型就會好看，體重上的數字也不重要了！

Fighting

運動真的要持之以恆，如果像我一樣比較忙碌的媽媽們，一天只要讓自己花 20~30 分鐘稍微運動一下就可以了，維持日常運動的習慣比一次運動 1、2 個小時，但卻 1 周才運動一次更重要！

雖然運動一開始我體重沒有往下掉很多，不過穿衣服明顯變得比較好看，也會比較有信心繼續努力下去。如果體重有下降我也會買新衣服來當做自己努力的小獎勵。

此外，我都會 1、2 個月去試穿一次無彈性的牛仔褲，看到自己可以穿進去的 SIZE 慢慢朝以前的 SIZE 進步，就會很開心。

有時候也要慢活一下

我平常就是**效率姐**，不管有沒有上班，我每天都會把要做的事情做最有效率的規畫，比如說要採買家用品、辦理醫療事務等等的瑣事，我就會先把路線和時間在心裡都規畫好，然後盡可能在最短的時間內完成。一般上班的時候就不用說了，我一定是有效率的做事，甚至連做家事我也都會先規劃，例如先把衣服丟進洗衣機、再煮開水，煮開水的同時順便洗好中午要煮的菜、接著吸地板，吸完地板剛好衣服洗好可以晾了，就不用浪費時間等……，我每個moment 都可以做事不會有空等的時間！

我喜歡無論做什麼事情都是要有效率、不浪費時間，但是只要老公小孩在旁邊我就會慢下來，細細的享受家人陪伴的時光。晚上我會很迅速的吃完飯然後跟老公帶孩子去公園騎騎腳踏車、吹吹涼風、跟老公聊聊天。

　　我是一個不會把工作上的壓力或不愉快帶回家的人，我覺得工作上的情緒是絕對不可以帶回家裡的，在家裡的時間就是完全和家人在一起，享受彼此的陪伴。通常我工作很累回到家裡，一看到老公和兒子就會覺得很放鬆、很開心，不過如果真的工作上壓力很大的時候，我會選一個早上做完 SPA，帶一本書去明亮有落地窗的餐廳吃一頓早午餐、喝一杯有加肉桂粉的咖啡。我很喜歡肉桂的味道，會讓我覺得很放鬆和幸福。

留一點時間給自己

　　我常常聽四周的媽媽們抱怨每天照顧老公孩子，不但無法像以往一樣自由，甚至連打扮的時間也沒有，完全失去自我！

　　當了媽媽之後才發現，原來一個女人能夠同時顧到家庭和工作是一件多麼不容易的事，腦中每天都這麼多事情在打轉，有時候一整天忙碌下來，一頓飯都無法好好吃，真的會覺得很疲累。

　　所以我每天會刻意留一點時間給自己放空，我喜歡在老公小孩睡著之後，花 2、30 分鐘做個伸展操、抬抬腿、看看書、自己喜歡的粉絲團、油土伯，讓整個心情跟身體都放鬆之後再去睡覺。我發現這樣稍微舒壓充電之後，會讓自己無論在工作或是照顧家庭上，都能做得更好喔！

　　親愛的女人們，記得愛家人的同時也要善待自己，不幸福的女人，是無法帶給家人幸福的喔，加油吧！♛

CHAPTER 2

顔値い美人

My Daily Bearty Care

7点

日常保養小祕訣

吃完大餐或油膩餐，
隔天的早餐可以不吃、
午餐只吃五分飽就好囉！

除了美容保養要求快狠準之外，對於養生方面我其實沒那麼吹毛求疵。人生苦短，如果還要限制一大堆，那真的是太無聊、太痛苦了啦！我覺得只要在適當的範圍內，偶爾享受和放縱一下，真的是沒什麼關係，不用太有壓力！所以我除了在懷孕和哺乳的時候會吃維他命和保健食品，其他時候都不太會挑食或是吃什麼特別的營養品，如果真要說什麼保養祕訣，大概有下面 7 點是我比較注意和小心控制的。

⚡ 秘訣 1　跟宵夜說掰掰

我是個美食主義者，真心覺得美食真的是世界上最療癒人心的東西了！我常常吃到一個非常好吃的甜點或是軟嫩的烤牛舌，心中都會很想好好擁抱發明這些食物的人，這些療癒人心的食物對我而言實在是太重要了！

大學的時候，我熱愛吃宵夜和垃圾食物是朋友圈內眾所皆知的事，大學的時候我可以講出高雄是哪一間鹹酥雞的什麼東西好吃、還有學校附近每一間雞排店的評比，哈哈哈！（順便推薦一下，高醫熱河街「第一家鹹酥雞」的雞蛋豆腐，又嫩又香！我可以吃完一整盒），而且醫院值班的生活實在是太苦悶了，值班不吃宵夜安慰一下自己怎麼行呢？

ㄉ腫臉！

不過俗話說的好，「囂張沒落魄的久」（請自動翻成台語，謝謝~），我感覺一過 26 歲生日，身體的新陳代謝就大不如前了！吃完宵夜隔天小腹馬上凸出來，腰間肉立刻長一塊，臉也會水腫……

大概是從發現這件事開始，我就跟心愛的宵夜們說掰掰了！真的非常嘴饞的時候，就會買一點當作晚餐吃。通常大家說：「不吃早餐反而容易變胖。」

但如果我前一天晚上吃精緻或太油膩的食物(燒烤或是大餐)，第二天早上我是不吃早餐的，而是喝一杯熱開水或果汁替代，午餐也會吃得比較清淡(多吃些蔬果，不吃澱粉)，讓腸胃休息。

如果前一天晚上吃太多，隔天卻還硬要把早餐吃下肚，反而會造成身體的負擔。我在吃完大餐隔一天的午餐，通常會吃五分飽，餐點內容是燙青菜加上水果或是沙拉，記得吃五分飽就好，就把清淡飲食當作前一天的補償吧！

另外，最重要的就是這樣子的狀況只能偶爾為之，長期飲食習慣不好還是會造成身體負擔的喔！

秘訣 2　一定要喝水！

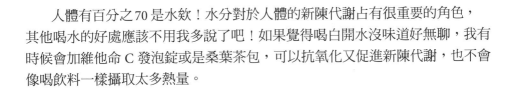

辦公室大水壺

我平時一定會補充大量的水分，每天至少 2000 cc。我在每個診間都會放自己的水壺(因為用杯子裝太少了，要一直去倒水好麻煩)，規定自己每一診至少要喝 2 水壺的水。

常常聽到人家說：「我忙的沒時間喝水、上廁所阿！」那只是妳沒有把「喝水上廁所」這件事當作 First Priority 而已。

人體有百分之70是水欸！水分對於人體的新陳代謝占有很重要的角色，其他喝水的好處應該不用我多說了吧！如果覺得喝白開水沒味道好無聊，我有時候會加維他命 C 發泡錠或是桑葉茶包，可以抗氧化又促進新陳代謝，也不會像喝飲料一樣攝取太多熱量。

維他命 C 發泡錠，我是買德國 Rossmann 藥妝店的自有品牌 altapharma **發泡錠**，因為是德國原裝，藥味也是眾多發泡錠中最低的，去德國的人都會買一大堆回來。

它有很多種不同成分做成不同的口味，可以依照自己喜歡的去選擇，不過櫻桃口味喝起來有點像藥水，哈哈！我通常是喝**葡萄柚**口味，這顆裡面含有 A+C+E+ **硒**，有保養眼睛、維持皮膚新陳代謝和抗氧化的功效。

另外，男生的部分也有鋅 + 維他命 C 的**接骨木口味**可以選擇。我通常一天喝 1~2 錠，喝的方法很簡單，只要將發泡錠直接放入 200 ~ 300 ml 的水中，等它溶解完再喝就可以了。

我不太喜歡吞一般顆粒型的綜合維他命，發泡錠是直接用喝的，對於不喜歡吞或不太會吞藥丸的人來說很方便，可以快速輕鬆補充身體需要的維他命或微量元素。我是找代購網站或合購網站買的，一條大約 NT$80~100 元左右。

另外，因為我是容易水腫的體質，幾乎看診也都是久坐，常常到了下午鞋子就會變得很緊、很不舒服，所以消水腫對我而言就很重要。本來我是煮紅豆水來喝，可是我常常煮失敗，紅豆水變成紅豆湯！不然那些煮剩的紅豆也不知道該怎麼辦？很麻煩！後來我就改成喝**桑葉茶來消水腫**。

我是選**日本太田胃散**的桑葉茶包，太田胃散是老字號了，幾乎每個人都有吃過他們家的產品吧！因為是完全是日本製造，桑葉也是日本有機栽種，喝起來很放心，而太田桑葉茶是跟日本的老茶舖合作，喝起來很甘甜順口，完全沒有生菜或是葉子的味道。

桑葉茶可以抗老化、促進新陳代謝和消水腫，太田的桑葉茶中有特別濃縮的 DNJ 成分可抑制醣類吸收，對減肥的人很有幫助。

我都早上用 250 cc 熱水泡桑葉茶包，第一泡所有的精華都在裡面，一定要喝完！第二泡之後就是喝香味的了。

這包各大網路平台都有在賣，1 包裡面有 30 個小茶包，促銷的時候 1 包大約 NT$$600~700 元，算起來 1 個茶包大概只要 NT$20~30 元，每天喝 1、2 次也比外面買飲料便宜又健康。

要特別注意的是，太田的桑葉茶裡面 DNJ 的含量很高，可以抑制醣類吸收，對減重的人很適合，但是**對孕婦就不行**了喔！我懷孕的時候有停喝一陣子，因為抑制體內的醣類吸收也會影響寶寶養分吸收喔！

秘訣 3 睡眠是美女的必需品

下次走在大醫院裡可以仔細觀察看看，你會發現怎麼這個醫師或護理人員蓬頭垢面、面容枯槁的像行屍走肉一樣？我可以跟你保證他們大概昨天剛值完班，根本沒睡多久。

妳應該也常常看到小朋友還不滿 1 歲的新手媽咪們，眼下永遠帶著很深的黑眼圈，皮膚蠟黃暗沉，甚至還會長粉刺痘痘。我只要兒子前一天晚上鬧脾氣，一個晚上起來 3、4 次，隔天我的臉上就會大長粉刺，眼窩也會特別凹陷，我同事一看到我就會說：「妳兒子昨天沒睡好喔？」幸好這種情形偶爾才發生，我真的很感謝兒子，知道媽媽的困擾，哈哈！

我這樣說，你們大概就知道睡眠對維持美麗有多重要了吧！如果妳不是身不由己，那就少熬夜，多睡一點吧！

秘訣 4 粉刺痘痘 讓專業的來！

我知道很多人都會偷偷在家裡擠粉刺痘痘，但妳有確保雙手真的乾淨嗎？確定清除粉刺的器械有好好消毒嗎？那些很深的大痘子，妳是不是硬擠完之後留了一個難看的色素沉澱或凹洞呢？

我的青春期跟大家一樣，臉上長了很多痘痘粉刺，但是**都沒有留下疤痕或色素沉澱**！因為多虧 Maggie 姊非常堅持不可以自己擠粉刺，我只要被發現自己亂摳臉，就會被 Maggie 姊臭罵一頓，然後被抓去 SPA 給美容師處理！

在專業的地方會有一連串的保養程序，美容師的手法也有特別訓練過，加上專業的器械，不容易傷害到毛孔旁的皮膚，清完粉刺後也有收斂鎮靜的敷臉等一系列流程。

這些哩哩叩叩的流程，是在家裡自己對著鏡子擠粉刺所沒有辦法做到的，所以為了我們的膚質和眼睛 (對著鏡子擠粉刺都會有眼睛快脫窗的感覺) 著想，不要再對著鏡子摳摳擠擠了，還是乖乖交給專業的去做吧！

秘訣 5　重要場合交給面膜和安瓶吧

明天要跟老公一起參加公司聚餐，可是臉好暗沉怎麼辦？下周就是同學會了，要見到初戀情人欸！這種場合就是看出實力的時候了！大家都不想要當那個遮瑕蓋很厚重、臉上浮粉到不行，回家後懊惱自己今天怎麼狀態這麼糟的女生吧？

有重要場合要出席，記得要「提早 3 天準備」。重要場合的妝都比較重，如果保濕沒有做好，脫妝浮粉之外，臉上的妝和油還混在一起，那真是一大災難！

我是偏乾性混合肌，下巴和眉心容易脫皮，所以妝前的加強保濕對我就很重要！前 3 天我一定會乖乖敷保濕面膜，維持肌膚的保水度，才不會容易脫皮或浮粉。如果時間許可，我也會建議在上妝之前再敷 1 次面膜，就像新秘在化妝之前會先幫我們上保濕精華一樣，有保濕定妝的效果，妝感就會更服貼自然喔！

秘訣 6　無論如何都要確實卸妝清潔

現在幾乎找不到不上妝的女生了吧？最基本也會上遮瑕、BB 霜或防曬。如果你想要有好的膚質，確實做好卸妝清潔是非常重要的，就像家裡想要亮晶晶，就要認真打掃哇！

我的洗手台會放兩種卸妝產品，一個是**卸妝油**，一種是**卸妝露**。我平時只有上隔離防曬霜和淡妝，就會使用輕透一點的卸妝露來卸妝。

　如果當天是濃妝（有蓋遮瑕膏、粉底液等等），我就會用卸妝油做清潔，眼妝和唇妝會另外使用眼唇卸妝液。

　在這邊要提醒大家，不同的膚質和上妝習慣，要選擇不同的卸妝產品喔！也切記不要清潔過頭，一般皮膚呈現 PH5.5 弱酸性，具有抗菌能力，清潔過頭會破壞弱酸性，皮膚反而會受到傷害。

皙斯凱 全效嫩白修護面膜
💰 1 盒 10 片　NT$1500 元
🛒 醫美診所和官網有賣。

蘭蔻 超進化肌因活性凝凍面膜
💰 1 盒 7 片　NT$2900 元
🛒 專櫃和網路有賣。

ORBIS 澄淨卸妝露 EX
💰 150ml　NT$620 元
🛒 官網、門市、藥妝店有賣。

THREE 卸妝油
💰 200ml　NT$1450 元
🛒 百貨專櫃有賣。

L'oreal 眼唇卸妝液
💰 125ml　NT$299 元
🛒 藥妝店、網路都有賣。

亞曼尼 黑曜岩新生奇蹟潔顏乳
💰 150 ml　NT$2800 元
🛒 專櫃、藥妝店、網路有賣。

秘訣7　不要一罐保養品用一整年

要配合膚況使用不同的產品，**不能萬年不變喔**！

　　我們的膚況會因為天氣或身體因素而有所不同，例如夏天就比較容易出油長粉刺；懷孕或是比較勞累的時候會容易暗沈長斑，換季時則是會出現脫皮泛紅的情況。因此，如果一年四季都使用同樣的保養品，可能無法確實的針對當下的膚況做保養和改善。

　　我的保養品很多罐，會因應不同的膚況混搭使用，大原則就是「**夏天補水、冬天補油、局部擦酸類改善粉刺、臉擦什麼脖子就擦什麼**」，至於不同膚況的保養詳細情況要怎麼做，可以參考後面各自不同的章節喔！👑

Make Your Wishlist Come True.

女王愛用好物推薦

補油

嬌蘭 皇家蜂王乳平衡油

50ml　NT$5300 元

藥妝店、網路、百貨專櫃有賣。

抗痘抗粉刺

理膚寶水 淨痘無瑕調理精華

40ml　NT$950 元

藥妝店、醫美診所、網路有賣。

補水

德妍思 玻尿酸精華液

20ml　NT$1680 元

醫美診所和官網有賣。

暗沉改善

皙斯凱 NuCelle 杏仁酸精華乳

30ml　NT$2400 元

官網、特定醫美診所有賣。

美白

德妍思 微脂囊傳奇淨白精華液

20ml　NT$1980 元

醫美診所和官網有賣。

專業！

CHAPTER 3

5大史上最強馭膚術
ALL ABOUT SKINCARE
大肌膚保養打底 偷懶！

我每次去演講或開講座時都會很驚訝的發現，原來**很多人並不知道自己是屬於哪種肌膚類型**！大家好像都很容易搞混，有人一輩子都以為自己是痘痘肌或敏感肌，沒想到卻是混合肌；有人認為自己天生就是油性肌，其實兩頰乾到不行。

現在來考考你們，假如你平常夏天或是女生 MC 要來之前，臉上容易長很多痘痘、粉刺，但是到了冬天鼻翼兩側就會乾燥脫皮，那麼你到底是油性肌還是乾性肌呢？

現在是混合偏乾性肌！

都不是喔！其實我們大部分的人在 20~40 歲之間，幾乎都是屬於**混合性的膚質**！混合性的特點就是：在 T 字部位（額頭、鼻子、下巴）呈現油性，其餘部位都呈現乾性。

而除了天生的混合性肌膚外，我們就算一開始是其他類型的肌膚，也可能會隨著年齡、環境、紫外線、荷爾蒙的影響，而慢慢變成混合性肌膚，像我原本是**中性肌**，之後因為年齡和賀爾蒙的改變而變成**混合偏乾性**。

所以，我們每個人的**保養品都不應該只有一罐、春夏秋冬用到底**，也不要一整張臉都使用同一種護膚產品，而造成「油的地方更油、乾燥的地方還是沒改善」！

無論是哪一類型的肌膚 (特別是混合型的人)，都應該要隨著肌膚不同的狀況變化，來改用不同的保養品，才能隨時保持最佳膚質。比如說夏天時 T 字部位或下巴容易長痘痘，那就針對這些地方擦抑痘產品，全臉還是可以用清爽的保濕產品，而冬天的保濕產品則可以使用稍微滋潤一點的，但是那些加強保濕修護的安瓶或精華液，就要避開額頭、下巴等容易冒痘痘的地方。

　　乍看之下好像很麻煩噢，其實一點都不會！別忘了我可是最講效率的「**快狠準女王**」，我才不會教你們麻煩又沒效的保養方式呢！所以我的原則就是每次保養都不需要很繁雜的手續，只要 1、2 樣產品就能把皮膚的基礎問題給處理好，這才是保養和愛美的最高境界啊 ~~ 不然誰有那麼多美國時間，是吧？

　　我在接下來的 5 大肌膚分類的各個章節裡，都會詳細介紹不同肌膚類型的人應該如何保養、如何抗敏、抗痘、抗暗沉，以及多款好用又很有效的產品，讓大家都能快速又確實的保養，回復明亮潤澤的好膚質，即使不化妝、只擦一層防曬或 BB 霜，也迷人得很！👑

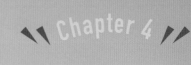

"Chapter 4"

乾性肌
DRY

容易過敏、膚色暗沉的——

史上最強馭膚術 1

👑 你一定想不到，乾性肌保養重點竟然是：去角質！

　　乾性肌在台灣女生身上很常見，不僅是因為天生膚質的關係，有部分是因為年紀漸增，導致皮脂腺分泌下降、膠原蛋白流失，使得肌膚失去保水的能力；另外一個原因是我們天氣比較悶熱，大家變得只喜歡擦清爽型的產品，甚至只有噴化妝水，這樣對於輕熟齡肌來說，保濕度都是不夠的喔！

01 Queen's Class
── 女王の快狠準保養教室 ──

● 保濕 + 去角質 = 乾性肌保養王道！

　　乾性肌的特徵是皮脂分泌少、不容易長痘痘粉刺、毛孔細小而不明顯、皮膚看起來比較細緻、比較薄，但是也**比較容易過敏**。

　　由於乾性肌缺少油脂的保護、保水力不足，皮膚也因此格外脆弱，對於外界的刺激較為敏感，若是在過於冷、熱、乾燥的環境之下，缺水情形會更嚴重！甚至出現**發癢、泛紅**的狀況，特別是在秋冬換季的時候很容易發生！

　　乾性肌也常因為過度乾燥而容易出現**沒有光澤、膚色不均、暗沉**等現象，加上如果缺乏適當有效的保養，就更容易老化，特別是在**眼周、嘴角**等處容易產生小細紋！像我自己有時候帶小朋友出國，如果秋冬去到乾冷的國家，只要一天沒有擦保濕產品，整個魚尾紋就會跑出來，鼻翼兩側也都會乾裂到很痛。

　　更麻煩的是，若乾性肌缺水情況嚴重，不但會感覺臉皮變得緊繃、粗糙，甚至會乾到脫屑，上妝容易**浮粉**，臉部細紋的地方也很容易**卡粉**，非常尷尬。

　　所以，對一個醫師來說，**乾性肌的困擾其實是比油性肌多的！**

乾性肌的保養，應該連小朋友都知道，因為我強調很多次了，就是：**保濕**！你們一定要好好熟讀後面的「**保濕篇**」。除了保濕之外，很多人都不知道，乾性肌保養的另一個大重點竟然是：促進角質正常代謝，也就是俗稱的**去角質**！

你們一定覺得很奇怪，我的皮膚就已經都乾燥到脫皮了，為什麼還要**去角質**？不是會讓皮膚的問題更嚴重嗎？

其實，就是因為乾性肌的真皮層和角質層含水量少、新陳代謝慢，導致**老廢角質**堆積非常明顯！所以你的臉總是看起來暗沉沉的、膚色不均，這時候會需要用溫和的去角質產品，記住！是**溫和！溫和！溫和！**拜託不要給我跑去買磨砂膏來去臉部角質捏！

我們可以使用**杏仁酸**（最溫和的果酸類產品）、或是甘醇酸等酸類產品來促使肌膚老廢角質脫落，同時也可以增加真皮層膠原蛋白的含量，讓肌膚變得更明亮、好看。

最重要的是，不是去完角質就沒事囉，**要趕快敷臉、擦乳液**，讓水分快快吸收後留在肌膚裡。

02 Queen's Class
─ 女王の快狠準保養教室 ─

● 4 大祕訣，一次學起來！

祕訣 1 不過度清潔

洗臉時要選擇溫和不刺激的潔顏產品，以免過分清潔造成更乾燥的肌膚。而且一天最好使用潔顏產品不超過 2 次，特別在冬天時，我自己是只有晚上才用洗面乳，白天只用清水洗臉就好了。

女王愛用 清潔 好物

GIORGIO ARMANI 亞曼尼
黑曜岩新生奇蹟潔顏

GIORGIO ARMANI 的洗面乳泡泡非常細緻，味道又好聞，我都會在週年慶的時候囤一堆貨。

我現在是**混合偏乾性肌**，用這瓶洗完臉之後不會乾澀緊繃，但又清潔得很乾淨，剛洗完時皮膚還會水水嫩嫩的，很好摸。

它的用量也很省，一次擠大約 1 元硬幣大小就夠了，先擠在手上，稍微搓揉起泡之後直接洗臉，我會針對鼻翼、兩頰和額頭容易長粉刺的地方，多畫圓圈按摩 10 秒鐘來加強清潔。

這瓶洗面乳清潔度很夠但又不會太刺激，**敏感肌**也很適合使用，**油性肌**的話可以清洗 2 次，第一次全臉清潔，第二次針對出油量多的地方加強畫圓圈按摩，就可以洗得很乾淨了。

哪裡買

GIORGIO ARMANI 亞曼尼
黑曜岩新生奇蹟潔顏乳

 | 150ml | NT$2800 元

🛒 百貨專櫃、網路都有賣。

祕訣 2　雙重保濕

什麼是雙重保濕？就是：**補水 + 鎖水**！油性肌的保濕重點是**補水**，而乾性肌的保濕則除了**補水**還要**鎖水**！

乾性肌在做保濕時，要注意選擇的保養品不能單純只有補水，還要加上鎖水才夠！唯有補水 + 鎖水雙管齊下，才是最正確的**乾性肌保濕法**！

但你一定很疑惑：「保濕不是有做到補水就夠了嗎？為什麼還要鎖水呢？」因為乾性肌的皮脂腺先天不足，不能分泌肌膚所需的足夠油脂，因此沒有鎖水能力，補進去的水分很容易流失。

補水就像幫皮膚灌溉，而鎖水就像是幫吸飽水的皮膚蓋上一層保護膜，防止補進去的水分流失，如果只補水而沒有鎖水，補進去的水分還是會一直流失，就等於是做白工了！

我喜歡把皮膚比喻成一塊海綿，乾燥的皮膚就像一塊乾的海綿，乾乾癟癟的，會出現下面幾個問題：

TIPS

1　毛孔粗大又出油、皮膚細紋很明顯
你的皮膚會看起來粗糙不細緻、紋理深，就像乾海綿上的洞洞會很 明顯。

2　保養品不好吸收
保養品擦在乾癟的皮膚上，也只是塗抹在表面而已，無法完全吸收，買再貴的保養品效果也有限。

3　細紋和毛孔反而因為上妝而更加明顯
你想化妝遮掩膚況不好的瑕疵，結果因為太乾了，上妝後細紋和毛孔反而更加明顯！還容易卡粉脫妝，底妝和彩妝融合在一起，看起來始終髒髒的！

所以囉 ~~ 保濕如果做得好、肌膚水分充足，紋理會變小、毛孔不會粗大出油，塗抹的保養品才不會浪費，可以通通把精華吸收到皮膚底層，肌膚看起來很光澤細緻，這時候你不需要厚重的粉來遮蓋，上妝也會很服貼，只要稍微潤飾膚色、一點重點彩妝就很美了，可以省下我們一大堆的麻煩！

雙重保濕 3 步驟

1 補水之前，先上化妝水

在清潔完臉部、開始上保養品之前，建議可以先使用**化妝水**來濕潤肌膚，再進行下一道保濕程序。因為前面也說過了，乾性肌就像是一塊乾巴巴的海綿，不管擦什麼東西都很難吸收，頂多就是抹在表面而已！特別是乾性肌，因為皮膚太乾了，根本無法吸收保養品，就算是補水度高的擦了也是事倍功半，所以先上化妝水就是讓乾掉的海綿先變濕潤，以便接下來擦的保養品都很好吸收到底層！

我都是選擇**理膚寶水的溫泉舒緩噴液**來當化妝水使用，因為溫泉水具有舒緩的效果，對於容易乾敏的肌膚（或是一般性肌膚）都很適合。

女王愛用 濕敷 好物

理膚寶水 溫泉舒緩噴液

這瓶噴液含有**硒**，硒是人體必需的微量元素，有助於皮膚細胞的新陳代謝，能抗老化、增強皮膚抵抗力。不過我覺得單靠噴這瓶噴液就可以達到這麼多功效，是有點誇張了，但是把它拿來當化妝水還是非常好用的。

它噴出來的水分子很細緻，噴在臉上很舒服又均勻，感覺很輕透、不黏膩，我都按壓5秒、全臉來回噴2次，噴完稍微輕拍幾下就吸收了。我個人是很害怕有黏液感的化妝水，因為如果很黏膩、不好吸收，就失去化妝水的基本功效了啊。

化妝水對我而言，就是「**在保養前快速幫助皮膚表皮濕潤用的**」。

我們在保養流程之前或敷臉前，都可以先噴一下來濕潤肌膚、快速增加保水度，以利後續保養品精華的吸收，特別是在白天上妝前，如果沒時間敷面膜或擔心面膜的精華液會讓之後的粉底液起屑屑，就可以直接把噴霧噴滿化妝棉，用化妝棉針對比較乾的地方，例如額頭、下巴，先濕敷5分鐘，之後會比較好上妝，妝感也會比較貼合！而且它有小瓶裝的，攜帶很方便。

2 補水很簡單！敷面膜就好

補水很簡單，其實「**敷面膜**」就是我們最常見的補水方式！

如果沒時間敷面膜，也可以使用一些補水成分的保養品，例如：玻尿酸、維他命 B5、天然保濕因子 NMF、尿素 urea、r-PGA、藻類粹取物等。切記敷面膜的時候不要停留過久，最好 10~15 分鐘內就要拿下來。

乾性肌的人平常**補水功夫一定要做足**！只有當我們肌膚底層的水分充足之後，皮膚才會水嫩。我常常遇到剛從國外回來或是坐長途飛機的人，剛回國都會覺得肌膚狀況很不穩定，**皮膚很缺水但是又一直出油**，我都會讓他們使用 1 個月的玻尿酸精華液，配合保濕面膜，這樣外油內乾的複雜狀況和皮膚乾癢，都可以恢復得很好喔！

1 皙斯凱 全效嫩白修護面膜

女王愛用 補水 好物

這盒面膜是我偶然在醫學研討會拿到的試用品，敷了一次之後馬上打給業務訂了 20 盒，還順便叫好姐妹們也一起訂了。

這片面膜材質比較特別，是用奧地利原廠面膜布料製造，它是黑色的，但不是特別染色的喔！敷完會馬上感受到皮膚吸飽了水分，照鏡子發現肌膚很透亮，精華液按摩後也很好吸收，不會黏黏的。隔天起床洗完臉後膚質還是很水嫩，就算沒有擦保養品都能感受到帶有光澤感的健康好膚質。

我一次大約敷 10~15 分鐘，敷完不需要清洗，直接將精華液按摩吸收，然後把面膜上多餘的精華液拿來擦在脖子和手肘、膝蓋上。

我大約一周敷 2~3 次，如果遇到重要的活動就事先連敷 3 天，在當天要上妝的前 1 個小時會再敷 1 片，因為上妝前的肌膚底子是非常重要的。上妝完等比較吃妝之後，好膚質的透亮感就會出來了。

這片面膜的**亮白和補水**功能非常好，裡面主要成分是複方水果萃取和維他命 B3，能夠抑制黑色素生成和維持肌膚的透亮感。補水的部分是由玻尿酸來當主力，皮膚吸飽了水，當然就會有光澤啦！

I ♥ shopping **哪裡買**

皙斯凱 全效嫩白修護面膜

💰 1 盒 10 片 NT$1500 元

🛒 特定醫美診所或官網購買

2 Dr. PGA　保濕面膜

r-PGA 是比玻尿酸多 10 倍補水能力的保濕成分！它還可以增加皮膚內的天然保濕因子，是最近很夯的保濕界新寵。

敷完之後皮膚會吸飽水分，很有光澤感，肌膚的彈性和水潤度都會提升喔！因為吸飽了水分，會改善臉上因缺水而導致肌膚紋理明顯、膚質看起來很粗糙的問題，皮膚的紋路會變得平整，肌膚摸起來也會很有彈性、緊實。

這片面膜的材質是用天絲棉面膜布做的，所以很薄、很服貼，而且精華液超級多的！我大概敷 20 分鐘，敷完剩下的我會擦在脖子和小腿上，順便做按摩。

哪裡買

Dr. PGA　保濕面膜

 1 盒 10 片　NT$1200 元

🛒 醫美診所購買。

3 杜克 C　保濕 B5 凝膠

這瓶的主要成分也是玻尿酸，而且如果有在跑醫美診所的人對這瓶一定超熟悉，因為它已經紅超級久了！網路上也蠻多分享文的。

它除了玻尿酸之外，還另外含有維他命 B5 共 2 種保濕成分，可以提高皮膚的含水量，是杜克的萬年熱銷商品。

 哪裡買

杜克 C　保濕 B5 凝膠

 20ml　NT$2000 元

🛒 這瓶大部分醫美診所都買得到，網路平台也有，不過網路購買要注意假貨的問題喔。

史上最強馭膚術 1 乾性肌

4 德妍思 玻尿酸精華液

這瓶的主要成分都是玻尿酸，沒空敷臉的時候，**玻尿酸**是非常好的補水成分！德妍思的產品特點是用微脂囊包覆精華液，非常好穿透肌膚，加上玻尿酸非常清爽，擦到臉上很快就吸收了。

這瓶我會和面膜交替使用，如果當天沒時間敷臉，我就會用這瓶精華液作為**補水**的步驟。 早、晚每次大約用 1 滴管的量，擦在全臉 + 脖子按摩吸收，如果覺得最近皮膚水分不足或比較乾，或者夏天去戶外活動玩回來，我就會增加使用量大約到 2 滴管左右。

而如果你的肌膚長期乾燥缺水，或屬於外油內乾的類型，這瓶可以直接加入日常保養中喔，因為乾性或外油內乾的肌膚很需要提高皮膚的含水量，讓肌膚**油水平衡**。

3 鎖水力的關鍵在成分

鎖水就是在補水之後幫助我們把水分鎖在肌膚裡，常見的成分就是神經醯胺 Ceramide、角鯊烯 (Squalene)、 荷荷芭油 (jojoba)、 乳木果油 (shea butter)、維他命 E 等。

鎖水的成分通常比較油，所以很多人不喜歡，但其實只要選擇好吸收的鎖水產品，就一點都不會油，也不會讓肌膚覺得悶，皮膚反而會很細緻有光澤喔！

鎖水產品我通常都是選擇**神經醯胺** (Ceramide) 的成分。我們皮膚角質層隨著年紀漸大會容易缺損，肌膚只要受到外界的刺激，例如：天氣的改變、淚水、點眼藥，或是抹藥等，就會乾癢、甚至泛紅過敏，而神經醯胺本身就存在於我們皮膚角質層細胞間隙的脂質，除了可以幫助我們鎖水，也有修護角質的功能，可以抵抗外界的刺激，因此神經醯胺可以同時鎖住角質間的水分、並且防範環境髒汙或汙染物的入侵，做到防禦的功能。

1 杜克 E 活顏修護霜

女王愛用 鎖水 好物

杜克活顏系列的質地比較清爽不黏膩，擦起來 都很快吸收，油的成分比較少，我是混合偏乾性膚質，白天保養完還要上隔離防曬，所以杜克的產品我都在白天使用。

活顏系列含有 4% 的蝸牛修護液，可以促進肌 膚癒合能力、活化纖維母細胞、增加膠原蛋 白，裡面類天然保濕因子的保濕效果也很好，對於敏感肌或是醫美術後的肌膚都很適合。

2 BioRenweal
皇家蜂毒精華油

BioRenwal 的潔顏蜜很有名，而這瓶是診所同 事介紹的 (我是腦波弱一族 ~~ 哈哈)。除了主 要成分神經醯胺外，還有蜂毒和 Q10，主打保 濕鎖水、抗氧化、抗老化的功能。

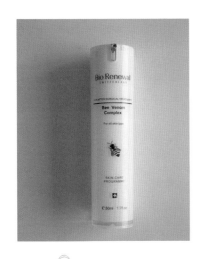

 哪裡買

BioRenweal　皇家蜂毒精華油

💰 50ml NT$2800 元

🛒 只有醫美診所買得到。

不過這瓶有個小缺點，就是瓶子的設計讓按壓 的時候會用噴的，我都把手掌稍微彎起來才不 會把精華液浪費掉，一次大約按 1~2 下，用量 非常省，可以擦到全臉。

這瓶按壓出來有點像精華油的感覺，但是稍微 按摩一下很快就吸收了，味道也很好聞，吸收 完之後，臉摸起來會很滑嫩喔！

其實鎖水的產品一般人最怕的就是過油，不過這瓶很好吸收，臉一下子就會變得很細緻乾 爽，不會像一般油性產品那樣擦完滿面油光的 感覺，而是水分充足的光澤感！(**前提是補水 要先做好喔** ~)

3 嬌蘭 皇家蜂王乳平衡油

這瓶是我買給 Maggie 姊用的。它的鎖水功能很強，有些人會覺得比較油，但是對於比較容易乾癢過敏，或皮膚變得比較薄的熟齡肌就很適合。

Maggie 姊都是把這瓶加入平時的保養中，先擦**玻尿酸精華液**再擦這一瓶，目前為止 Maggie 姊的肌膚狀況很不錯，完全沒有一般人年紀漸增之後會開始有皮膚薄、容易過敏、泛紅，或是其他熟齡肌的問題！

這瓶我自己是冬天視皮膚狀況來使用，使用前先搖一搖，讓沉澱瓶底的黃金微粒藉由搖晃均勻散佈於平衡油後，再滴出使用，一次大約紅豆大小就好，擦的時候會**避開容易出油長粉刺**的位置。

這瓶擦上去的觸感是比較絲滑，在臉部要稍微按摩一下才會吸收，整個吸收完之後皮膚會變得很亮澤，應該是媽媽們會喜歡的那種亮澤光感肌。(就是媽媽們說的皮膚很光這樣 ~)

通常如果擦完這瓶就不用再加其他東西了，除非是出國或是天氣特別乾冷的時候，可以在這瓶之後再多上一層自己的保養乳霜。

哪裡買

嬌蘭 皇家蜂王乳平衡油

💰 50ml NT$5300 元

🛒 藥妝店、網路、百貨專櫃都可以買到。

4 DMS 德妍思 基礎乳（ 清爽型 ）

這瓶基礎乳是我目前用過**角質修護成分最完整**的乳液了。清爽型我會在夏天用、中性型適合高雄的冬天。我在前面有說過保濕 3 元素是：「**水、油、角質**」，這瓶可以把油和角質這二個重點完全做到，含有和角質層幾乎相同的成分：Triglyceride〈三酸甘油脂〉、Ceramides〈神經醯胺〉、Squalane〈鯊烷〉及 PC〈卵磷脂〉，可以針對敏感脆弱或容易乾癢的肌膚進行修護與保濕。它擦起來相對杜克而言比較滋潤，所以我都是晚上敷完臉之後擦，這樣保濕 3 元素就可以完全做到了！(敷臉—補水— DMS 基礎乳 (完整鎖水))

另外，我很喜歡這瓶的重點是它在醫學美容診所 有特殊的調劑包裝，可以依照個人的膚質狀況加 入不同的精華液，他們家的精華液也都是以微脂 囊的形式包覆精華成分，對皮膚的穿透性佳，加 入精華液之後的基礎乳就變成完全依照你的膚質 來打造的專屬乳液了，很棒吧。

像我就會在基礎乳中加入奇異果籽油 (Omega-3，可增加肌膚角質層滋潤度以及修護力)、微脂囊傳 奇淨白精華液 (主要成分是傳明酸，可以改善肌膚 暗沉蠟黃)、綠茶萃取液 (主要是抗氧化成分，減 緩肌膚老化、增加膚質的光澤明亮度)。

DMS 的用量很省，官方是建議按壓約花生米大小，我會擠多一些，大約 1 元硬幣大小，連脖子一起 帶過。使用 DMS 大約過 2 個禮拜就可以發現早上 起床洗完臉後，肌膚很水嫩有光澤，感覺它把前 一天晚上敷的面膜精華很完整的鎖在肌膚底層了。

祕訣3　溫和去角質很重要！

　　記得前面提到乾性肌的真皮層和角質層含水量少、新陳代謝慢，導致**老廢角質堆積、色素不均**非常明顯！所以這時候會需要用到溫和性的去角質產品 (**溫和！溫和！溫和！再次提醒大家不要去買磨砂膏來搓臉！**)，可以使用杏仁酸 (最溫和的酸類產品)、或是甘醇酸等酸類產品，來促使肌膚老廢角質脫落，同時也可以增加真皮層 膠原白的含量，讓肌膚變得更健康好看。

皙斯凱 Nucelle
高效煥采精華露 (杏仁酸 10%)

一般的杏仁酸都是做成透明精華液類型，這瓶比較特別是偏乳液狀的，是精華乳的形式。

我很喜歡這瓶精華乳形式的杏仁酸，因為乳液狀的劑型比較滋潤，而且親膚性也比較高、對皮膚比較溫和，通常酸類的產品是比較有刺激性的，因此做成乳液狀**可以減緩我們在使用上的不適**，像是通常使用杏仁酸的人都容易有脫皮、脫屑的問題，但是這個問題在這瓶杏仁酸上就降低很多。

通常我會先擦**玻尿酸保濕精華液**→之後使用**Nucelle 這瓶**，大約按壓 5 下→最後再擦上**乳液或乳霜**。

這瓶也含有藻類的修護成分，我直接拿來使用在臉上完全沒有刺癢或不適的感覺，很適合初次接觸酸類產品的人使用。有一次我不小心擦到眼周附近，是有一點癢癢的，也沒有很強烈的不適感，不過還是要記得避開眼周喔！

一開始使用的第一個禮拜會覺得粉刺變多，但是在 1 個月之後，洗臉的時候很明顯感覺鼻翼和兩頰的粉刺減少很多，臉上的顆粒感也減少，變得比較光滑。

  哪裡買

晢斯凱 Nucelle
高效煥采精華露（杏仁酸 10%）

💰 30ml　NT$2400 元
🛒 特定醫美診所或網路平台有販售。

我也是容易長閉鎖性粉刺的體質，擦了杏仁酸之後，已經長的閉鎖性粉刺會比較容易浮出來，這時候我會請診所的美容師幫我處理掉。記住！一定要等這些閉鎖性粉刺比較浮出來了才能處理喔，如果硬去擠它的話，不但皮膚容易受傷，還會留下疤痕！

另外，果酸類產品代謝老廢角質的功效很好，我皮膚暗沉的情況也因此改善很多，同學都以為我變白了，但其實只是把老廢角質代謝掉、讓表皮層的排列變整齊，看起來皮膚就會很白皙透亮！

這瓶對於我們這種偏乾性肌膚的人，可以使用於**精華液之後、乳液之前**；而油性肌膚的人，則可以**直接當乳液**來使用，不必再上乳液了喔！我會建議油性肌膚的人先試用 2 個禮拜看看，如果 2 個禮拜之後還是有脫皮的情形，就可以在這瓶杏仁酸之後再加上乳液來使用。

⚡ 祕訣4　肌膚乾癢泛紅，該修護舒緩了！

由於乾性肌膚容易因為缺水而有肌膚發炎造成乾癢過敏的情形，這個時候使用一些修護、舒緩的產品就很重要！

大家應該都有經驗，乾癢過敏的地方我們稍微抓一下或磨擦一下，之後就算好了，還是會有色素沈澱的情形產生，非常討厭！

因為乾癢過敏其實就算是一種皮膚輕微發炎和受傷的情況，只要是發炎或受傷就有可能**產生色素沈澱**，所以我們在容易乾癢過敏的時候，除了加強保濕之外，做好肌膚的修護舒緩，比較能避免這種情況發生。

在肌膚**乾癢脫皮、過度曝曬**、或是**準備換季**的時候，乾性肌的人就可以使用這些有修護舒緩成分的產品，來防止肌膚乾癢不適。

我們常聽到的舒緩成分有洋甘菊、蘆薈、海藻、藍銅鈦等，這些都是可以使用的。不過，要特別提醒大家，保養品的成分都是特別提煉純化過的，安全性和致敏性都相對比較低，因此千萬不要直接**拔家裡後院的蘆薈**來擦在過敏的地方喔！這個跟保養品中的提煉出來蘆薈成分是不一樣的，這樣只會讓肌膚二度傷害而已！

還有，如果乾癢泛紅的情況真的很嚴重，還是要去診所看診，不能只靠保養品來對付那些嚴重的乾癢過敏。

1 皙斯凱 Nucelle 洋甘菊凍膜

這瓶是診所拿來幫雷射後或是醫美術後的客人鎮定、舒緩肌膚用的,洋甘菊在退紅和舒緩效果上非常好 (不用刻意放冰箱,它本身就有冰涼的舒適感)。它裡面含有 5% 的洋甘菊萃取液、海藻糖和玻尿酸,肌膚在敏感泛紅的時候很適合使用。

 哪裡買

皙斯凱 Nucelle 洋甘菊凍膜

💰 250ml NT$1500 元

🛒 特定醫美診所或官網購買。

我除了換季肌膚乾癢的時候會拿來厚敷之外,夏天出遊就算是做好全套防曬,晚上回飯店時也常常會覺得肌膚乾乾燙燙的,這時候也會敷 1 次!我大約都洗完澡後敷個 15~20 分種,敷完洗掉之後,會發覺皮膚曬完太陽那種燙燙、粗糙的感覺好很多,肌膚的濕潤度也會提升喔!

2 杜克E 活顏精華液 40% SCA

我在換季或冬天有時候因為太忙碌,皮膚又開始乾癢脫皮,就會直接用杜克的活顏精華液幫皮膚做**緊急修護**。

這瓶精華液通常都被稱為杜克安瓶,大都是雷射術後用來修護和保濕導入的產品。以前都是玻璃瓶裝,現在改成塑膠包裝,開口轉開後還有做一個小突起,用不完可以把開口塞起來,在家裡使用很方便。

杜克的安瓶 1 支 1cc,我會分 2 次使用,針對脫皮乾癢的地方塗抹,然後輕輕擦到全臉。這瓶非常滋潤,質地有點像精油狀,擦到臉上後稍微用指腹按摩,一下子就吸收了。

它含有 40% 的 SCA 蝸牛活顏修護精華和類天然保濕因子，修護保濕效果非常好。因為它修護功能很強，所以對於乾、敏肌或是術後的皮膚，在修補肌膚角質層、提升皮膚保濕潤澤度上都很棒！

我通常使用 2 支精華液之後，皮膚脫皮乾癢的情形就會改善了，連續使用 1 個禮拜之後，皮膚的光澤度和水嫩感就會恢復很多。

如果皮膚開始乾癢脫皮，我會使用 1 個禮拜的杜克**安瓶** + **乳霜**，以修護為主，等肌膚比較穩定了，才開始恢復使用杏仁酸等去角質的產品。♔

Chapter 5

超困擾

史上最強馭膚術 2

整臉油光、超難上妝的──

油性 OIL 肌

　　台灣天氣真的是太潮濕悶熱了，我都會開玩笑說：「明明是乾性肌，來台灣住個 1 星期就會變成油性肌了！」沒辦法，我們皮脂腺的活性就是隨著氣溫和荷爾蒙改變的，氣溫上升，皮脂腺的活性就跟著增加，臉當然就變油了。

　　油性肌最明顯的特徵就是**整臉都有油光**！表面看起來總是浮著一層油亮，尤其 T 字部位和兩頰很容易出油脫妝。由於臉上經常會排出油，毛孔會很粗大，所以肌膚摸起來有點粗糙，也由於毛孔粗大，易長粉刺和青春痘，如果沒有好好照顧，皮膚表面會凹凸不平，看起來就像橘子皮。最麻煩的是，上妝後很容易**脫妝、浮粉**，必須時常補妝，但如果底妝擦厚一點，又容易卡粉在毛孔裡，反而讓臉上一個洞、一個洞的，看起來更糟！

01 Queen's Class
─ 女王の快狠準保養教室 ─

● 都是荷爾蒙和高溫搞的鬼！

1 荷爾蒙作祟

　　形成油性肌的主因是**皮脂腺分泌很旺盛**，而我們的皮脂腺是由**荷爾蒙**所調控，皮脂腺分泌了油脂，再經由毛孔到皮膚表面，覆蓋在皮膚最上層。這一層油脂加上皮膚最外層的角質細胞分裂出來的脂質，我們稱之為**「皮脂膜」**，其實對肌膚是非常重要的**保濕防禦構造**，防止外界物質入侵肌膚。不過，當油脂分泌太多時，不但會油光滿面，也容易混合臉上的髒汙，造成粉刺痘痘滋生。

男性荷爾蒙是皮脂腺體活性的關鍵，所以通常是男生比較容易出油、比較容易有油性肌，當女生經常熬夜、壓力大、生理期時都會使得類似雄性素的荷爾蒙分泌增加，導致皮脂腺分泌也增加，變得容易出現油光問題。

　　另外，現代人喜歡吃油炸、煎、炒、重口味的食物，也會刺激皮脂腺產生更多油脂。所以痘痘肌和油性肌的人要切記口味不要太重了，油炸物偶爾享受就好，生活作息也要正常，讓荷爾蒙分泌平衡。

② 高溫

　　溫度與皮脂腺分泌多寡有極大的關聯！當溫度上升 1℃時，皮脂分泌會**增加 10%**，而溫度每下降 1℃，皮脂分泌也會**降低 5%**，所以夏天出油情形會變得更嚴重，而冬天皮脂腺分泌會較少，因此秋冬季節、或是在緯度比較高的國家，就不容易長痘痘，這也就是為什麼韓、日女生的皮膚看起來都比較細緻、毛孔很小，實在是因為居住環境得天獨厚、不容易出油呀！

　　不過近幾年氣候異常，常常有暖冬現象，所以就算是冬天，油性肌的狀況還是很嚴重，這個時候就只能靠平時的保養來好好調養肌膚了。另外，皮脂腺分泌的量會隨著年齡、性別、季節的差異而變化，年紀越大，荷爾蒙改變，皮脂腺的活性下降，**通常油性肌的情況就會慢慢好轉。**

　　很多人都會被油性肌所困擾，不過只要做對保養方式，我覺得油性肌的好處也是不少喔，首先，**油性肌比較不容易長皺紋！**和乾性肌相比，適當的油脂分泌反而對肌膚有保護和保濕鎖水的作用 (就是剛剛講的皮脂膜)，膚質看起來會比較健康、有光澤。

　　另一個好處是，如果有好好控制油脂的分泌，無論是**老化、毛孔粗大、過敏**等問題，油性肌都比乾性肌少遇到！只要保養得好，就可以把困擾轉為優點，擁有健康的油性肌喔！

● 牢記 3 個黃金重點

除了生活作息正常、睡眠充足外，油性肌保養最重要的就是 3 個黃金重點：**清潔、控油、保濕**。其中**控油**是最重要的！油脂沒控制好，你做再多都是枉然，臉上一直出油，不管你再怎麼洗臉、再怎麼擠粉刺、擦痘痘藥膏、打雷射，都還是會有粉刺、痘痘、暗沈、毛孔粗大、浮粉卡底妝等問題，數都數不完！

① 清潔

油性肌臉上過多的油脂及老廢角質，混合臉上的灰塵和髒汙後，粉刺痘痘就會變嚴重，因此，「清潔」是油性肌的保養重點之一！

我會建議油性肌選擇清潔力適中的產品，「**以次數代替強度**」！很多人錯誤的以為就是因為臉上好油好髒，所以要買強力的潔膚產品才能洗得乾淨。

真是大錯特錯！如果用了清潔力過強的產品，不但會破壞正常角質，也會帶走表皮的保濕因子，可能越洗越糟！

所以我建議除了早晚各清潔 1 次之外，也可以在中午或下午再增加 1 次洗臉的次數，但是請記得，洗臉次數一整天盡量不要超過 3 次，洗完臉之後要立刻擦上清爽型的保濕產品來補充水分。

雪肌粹 洗面乳

清潔方面我推薦用日本的雪肌粹洗面乳，這條的用量很省，只要一點點就可以搓出很多綿密的泡沫，清洗完臉部也不會緊繃，很乾淨股溜的感覺，我們家男生大多是油性肌（我爸爸、弟弟和老公），他們都是用這條，便宜又好用。

弟弟和老公是夏天的時候早、晚使用，如果真的比較熱、出油量比較多，中午或下班回家後會再用洗面乳洗一次，把在外面的髒汙和過多的油脂清潔掉；如果冬天比較乾冷，就早上用清水洗臉，晚上才使用洗面乳。

我爸爸因為年紀比較大，出油量沒那麼多，所以平常都是晚上洗澡的時候才使用洗面乳，如果有外出運動或打球，回到家時會再用一次洗面乳來清潔髒污。

 哪裡買

雪肌粹 洗面乳

💰 80g NT$ 約 200 元

🛒 藥妝店、網路或代購。

2 控油

一般來說，控油產品的成分有分成下列幾種：

1 收斂

其實收斂毛孔不代表真正控油，只是阻止油脂從毛孔跑到皮膚表面而已，**因此過度使用**收斂產品，對油性肌反而是不好的！

以前的收斂成分是利用物理性的方法，就像拿塞子把毛孔塞住一樣，會使油脂堆積在毛孔中，容易造成粉刺和痘痘生成。甚至有些收斂毛孔的化妝水，實際上是**酒精性產品**，利用酒精急速揮發時產生的清涼感，讓皮膚的**豎毛肌**收縮，來達到收斂汗腺及毛孔、讓皮膚產生緊實的感覺，其實維持的效果很短。

現在比較有改進，常見的收斂成分是**金縷梅或綠茶萃取物**，金縷梅和綠茶都含豐富的單寧酸，和以往的收斂成分如氧化鋅、氧化鋁相比，收斂毛孔的效果不但比較好，也不容易產生痘痘粉刺等副作用。

DMS 德妍思　金縷梅萃取液

這瓶精華液主要成分為金縷梅萃取，具平衡油脂分泌、緊緻毛孔、同時舒緩的功效。我會建議剛清完痘痘粉刺、或是剛敷完粉刺代謝面膜的人，用這瓶來緊緻毛孔，大概用滴管擠 1~2 滴，局部擦在容易出油、毛孔粗大的地方，持續使用 1 週之後會覺得毛孔比較小喔。

⋯▶ 2 吸附

市面上很多油性肌洗面乳或是清潔控油面膜都含有高嶺土、矽土、天然泥或竹炭這些成分，這些成分能吸附粗大毛孔中的髒污和過多的油脂，對油性肌是很好的清潔產品。

南臺灣的夏天是很悶熱的，我雖然不是油性肌，但是在夏天也會有出油的問題，然後粉刺就會開始長滿 T 字部位，很可怕！所以夏天的時候我 1 個禮拜會用 2 次泥面膜。

泥面膜主要是幫我們做**深層的清潔和控油**。它的吸附性強，可以深入皮膚去吸附毛孔內的髒汙與油脂、淨化毛孔、減少粉刺和痘痘的生成。

我都是在洗澡時順便敷泥面膜，洗完臉之後就會敷上厚厚的一層，等洗好澡時一併沖掉，大概在臉上停留 10~15 分鐘左右。因為洗澡時有蒸氣，泥面膜比較不容易乾掉，對皮膚的刺激比較小，如果是單敷的話，建議停留時間不要太久，10 分鐘以內要洗掉，皮膚才不會太乾喔！

敷完泥面膜之後皮膚馬上會變得比較乾淨白亮，鼻翼兩側或兩頰粉刺比較多的地方也都會被吸附到皮膚表面，我會再用粉刺夾把浮出來的粉刺夾掉。有些人敷完後臉會有比較乾、緊繃的感覺，所以我在敷完後會再**加敷 1 片保濕面膜**，因為用泥面膜深層清潔過後的肌膚是最好吸收水分的！泥面膜就像幫臉部大掃除，之後再上保養品會感覺很快就被吸收了，臉上的髒汙和毛孔清潔乾淨了，保養品的精華就會很好吸收。

歐倫琪　草本粉刺泥膜

這瓶是台灣製的，純植物萃取，使用法國火山泥膜，裡面含薰衣草、杜松、蒲公英的成分，能夠抗發炎、減少油脂過度分泌、加強油脂的代謝！滿好用的，控油潔淨效果很好。我是局部敷在容易長粉刺的地方，停留大概 15 分鐘之後洗掉。

一開始的時候可以連續敷 3~5 天，會覺得粉刺有冒出頭的感覺，然後繼續敷之後，粉刺自己會慢慢代謝掉，臉就會變得細細滑滑的，不會有粉刺的那種顆粒感。

這瓶我覺得很棒的地方是沖洗超快，我以前用過泥膜都很難洗掉，但這瓶不會喔！清水沖一下就可以洗掉了，很乾淨股溜。

 哪裡買

orenzi 歐倫琪　草本粉刺泥膜

💰 350g ｜ NT$880 元

🛒 網路就買得到。

3 角質代謝

　　油性肌可以使用**水楊酸**來做為代謝的產品。眾多角質代謝成分中，只有水楊酸是脂溶性的，可以深入毛孔溶解掉老廢角質、保持皮脂腺的暢通，但因為水楊酸的刺激性稍微強一點，所以如果油性肌不是很嚴重的人，我會建議用**果酸或杏仁酸**就可以了。

 哪裡買

理膚寶水　淨痘無瑕調理精華

💰 40ml ｜ NT$950 元

🛒 網路、醫美診所、藥妝店都有賣。

1 理膚寶水
痘痘肌膚系列產品

如果要挑選含有水楊酸成分的產品，可以選擇理膚寶水的**油性或痘痘肌膚系列**產品，對毛孔粗大或容易長粉刺痘痘的油性肌很適合。

理膚寶水在藥妝店、網路、皮膚科診所都有在賣，但是購買前最好先詢問皮膚科醫師，看看自己適不適合使用這個系列的產品喔。

理膚寶水這系列產品中都含有水楊酸，針對角質層代謝和抑制出油的效果滿好的，建議可以選用淨痘無瑕調理精華，這瓶調理菁華我夏天也會擦在 T 字部位容易出油的地方喔！

2 寶拉珍選　抗老化柔膚 2% 水楊酸身體乳

這是給身體容易長痘痘粉刺的人用的，這瓶凝膠感覺像稀釋的乳液，非常好推勻，我把它拿來擦胸口和背部這些不容易保養到、但很容易長粉刺痘痘的地方，以及針對輕微毛孔角質化的部位，例如：手肘、膝蓋、小腿、臀部及大腿的交界處，都很適合喔。

一開始使用的時候，皮膚會有刺癢的感覺，這個感覺大約1分鐘左右就會過去，不會持續太久，如果有持續刺癢不退的狀況，就要趕快停用比較好。

我自己大約擦了1個月之後，發覺身體上的小粉刺和毛孔角質化都改善很多，摸起來皮膚也比較光滑，不會像以前有小粉刺那樣摸起來粗粗的、一粒一粒的。如果是針對身體的保養，我很推薦這瓶，尤其是在夏天要來臨之前，一定要趕快把這些會露出來的部分一起保養好喔！

3 皙斯凱 Nucelle　高效煥采精華露（杏仁酸 10%）

這一瓶更詳細的介紹可以參考前面的「乾性肌」喔。因為它就是針對角質層的代謝，不管是油性肌或乾性肌需要的成分都是一樣的，差別在於乾性肌使用後**保濕要加強**。

油性肌的人可以把這瓶直接當乳液來使用，**不必再上乳液了喔**！但我會建議油性肌的人最好先試用2個禮拜看看，如果2個禮拜之後還是有脫皮的情形，就可以在這瓶杏仁酸之後再加上乳液來使用。

一開始使用的第1個禮拜會覺得粉刺變多，這是正常現象，但在1個月之後，洗臉時會很明顯感覺到鼻翼和兩頰的粉刺減少很多，臉上的顆粒感也減少，變得比較光滑。

果酸類產品代謝老廢角質的功效很好，像我**皮膚暗沉**的情況就因此改善很多，久不見的同學都以為我變白了，其實我只是把老廢角質代謝掉、讓表皮層的排列變整齊，看起來就會很白皙透亮！

③ 保濕

　　很多人以為油性肌臉已經夠油了，防護層不是夠厚了嗎？根本不需要保濕吧？但其實臉部的油脂分泌量多（**出油**），跟角質的含水量高（**保濕**），根本就是兩回事！也就是說，保濕做的是讓皮膚含水量增加，而非增加油脂量喔。

　　尤其皮膚表面油脂過多的時候，**肌膚的水分會更容易散失！**所以肌膚越油的時候，反而越會有乾燥不舒服的感覺。而肌膚在太過乾燥的情況下，皮膚的天然保濕因子就不會分解出來，造成皮膚更乾，惡性循環。

　　油性肌表層油脂多，相對於乾性肌而言，皮膚就多了鎖水的功能，所以油性肌要選擇的是「**補水產品**」而不是「**鎖水產品**」。通常補水產品的質地都偏向**凝膠、凝露**類，或是質地比較清爽的**乳液類**。前面說過，敷面膜就是我們最常見的補水方式喔！如果沒有時間敷面膜，也可以使用一些補水的成分，比如玻尿酸、維他命 B5、天然保濕因子 NMF、尿素 urea、r-PGA、藻類粹取物等。

女王愛用 油肌保濕 **好物**

1 Dr. PGA　保濕面膜

r-PGA 是比玻尿酸多 **10** 倍補水能力的成分！可以增加皮膚內的天然保濕因子，是最近很夯的保濕新寵，我是選擇 Dr.PGA 的面膜來使用。

這片面膜敷完之後皮膚會吸飽水，很有光澤感，肌膚的彈性和水潤度都會提升！會改善臉上因缺水而紋理明顯、膚質粗糙的感覺，皮膚的紋路會變得平整，也因為吸飽水分，肌膚摸起來很有彈性、緊實。

這片面膜是用天絲棉面膜布做的，很薄、很服貼，而且精華液超級多，我大概敷 **15~20** 分鐘，有時間的話會配合家裡的**導入儀**來加強吸收，敷完剩下的我會擦在脖子和小腿上，順便做按摩。

　哪裡買

Dr. PGA　保濕面膜

💲 1 盒 10 片 NT$1200 元

🛒 醫美診所或網路平台都有在賣。

2 杜克胖胖瓶（杜克 E　活顏精華乳）

這瓶就是大家熟知的杜克胖胖瓶，是非常清爽的乳液，而且一瓶 100ml 非常划算好用。這瓶我是買給我妹妹用的，妹妹小我 10 歲，我都已經老了她還在給我青春期長痘痘！

因為擦了很好吸收又很清爽，很適合沒有耐心按摩吸收的青春期小朋友或是男性族群。

胖胖瓶乳液的質地完全不黏也不油，擦上去很好吸收，非常推薦油性肌、混合偏油性肌使用，每天早晚洗完臉後擠大約 10 元硬幣大小，全臉塗勻就可以了。

I ♥ shopping 哪裡買

杜克胖胖瓶（杜克 E　活顏精華乳）

💰 100ml　NT$1980 元

🛒 網路或醫美診所都有在賣。

Q&A Dr.丸美醫 有問必答

Q1 聽說吸油面紙不能頻繁使用？

A 不少油性肌的人包包裡必備的就是吸油面紙，但過度頻繁使用吸油面紙，肌膚失去油脂的保護，加上使用吸油面紙的時候大力按壓和摩擦，反而容易讓皮膚受傷脫皮！我就看過有人因為 2、3 個小時用一次吸油面紙，結果鼻翼、下巴和兩頰都脫皮紅腫。

適度的使用吸油面紙，一天不要超過 2 次，對油性肌來說才是比較適合的喔！但如果出油情況真的很嚴重，不用又不行，該怎麼辦？油性肌的保養還是要把**控油和代謝**做好，可以回去看上面教學的部分喔。

Q2 油性肌真的可以靠保養而改善成正常膚質嗎？

A 你們一定要有個觀念，肌膚的問題絕對是長期抗戰，使用產品後至少需要 1~2 個月才會開始慢慢有改善，如果比較嚴重的可能更久。至於改善的程度，會因人而異，雖然無法完全改變膚質，但一定會讓狀況變好。

Q3 臉上油膩膩的，所以乾脆什麼保養品、化妝品都不要擦？

A 不能因為臉油油的就什麼保養都不做了喔！上面也有說**控油和保濕**是兩回事，油性肌的保濕主要著重在「補水」，所以選擇一些清爽的凝膠、凝露類保濕產品是必要的。

另外，紫外線也容易讓臉上毛孔粗大、更容易出油，因此出門擦個防曬，對油性肌是非常重要的！油性肌可以選擇有潤色效果、凝膠式的的防曬產品，因為潤色的防曬中多含有粉體，比較有控油的效果，凝膠式的防曬也比較清爽、不易出油。

如果你工作上或特殊場合非化妝不可，下面3個重點一定要切記喔：

POINT 1
盡量上淡妝，
重點式的化妝
就好。

POINT 2
選擇粉狀彩妝品
例如：粉餅、蜜粉，
或選擇有控油效果
的化妝品。

POINT 3
不要用有防水性及
不容易卸除的彩妝
產品。

Q4 為什麼我年輕時是油性肌，老了卻變乾性肌呢？

A 人的皮脂腺活性會隨著年齡增長而降低，同時皮膚角質層的修復能力也會下降，因此皮膚很容易從油性或混合性皮膚，變成**偏乾性的過敏肌**。

而油性及混合性皮膚的人，因為之前不習慣滋潤型的保濕產品，有些人甚至還是繼續使用清潔力較強的潔面產品，很容易因為過度清潔、保濕不足而使皮膚太乾，久了容易得到**皮膚炎**，也很容易**老化**！如果想預防不要變成乾性過敏肌的話，就一定要把保濕和防曬做好 (請參考後面的「**保濕篇**」、「**防曬篇**」)。

Q5 有沒有適合的醫美療程，可以有效解決油性肌的困擾？

A 長期被痘痘粉刺困擾的人可以選擇 HydraFacial 水飛梭這個療程來做為日常保養，這個療程在網路上有蠻多人寫分享文的。

水飛梭為非侵入式且非雷射光療類的肌膚保養療程，利用獨特的負壓四合一水渦流技術（4-in-1 Vortex technology），能溫和無痛有效的去除老廢角質、清潔毛孔、減少出油、改善粉刺、痘痘及毛孔粗大等肌膚問題，每次療程大約 40~50 分鐘，每次約 NT$4000~8000 元不等，依照各診所當時方案而定。♕

"" Chapter 6 ""

史上最強馭膚術 3

乾癢起疹子、高度不耐受──

敏感肌

Sensitive

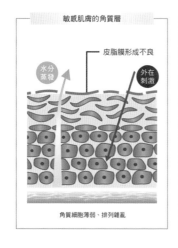

刺激→啟動免疫→發炎，是皮膚免疫的正常反應。

常常有女生跑來問我：「我的皮膚容易泛紅，是不是因為皮膚敏感？」、「我只要換季皮膚就會乾癢，這樣是不是敏感肌？」

通常我們說的敏感肌是一種**「高度不耐受」**的皮膚狀態，容易受到各種刺激而產生刺痛、乾裂、搔癢、泛紅、起疹子等症狀。外觀上的特徵是：一遇到氣候變化或是用了一些不適合的保養品，就容易出現粉刺和小疙瘩、臉部搔癢、兩頰容易泛紅（特別是洗完臉後、氣溫變化時）、臉上細小的血管絲很明顯。

一般來說，**乾性肌**比較容易敏感，但其實不管哪一種膚質，都可能因為錯誤的保養方式或其他因素而導致敏感，比如換季時容易乾癢；用了特定成分保養品、使用不當保養品、過度清潔等，使皮膚起疹子或長痘痘。這是因為皮膚是保衛人體的第一道防線，也是一種**免疫器官**，而「**刺激→啟動免疫→發炎**」，是皮膚免疫的正常反應。

我們前面說過肌膚表面有一層「**皮脂膜**」，做為我們肌膚的屏障，不讓外界刺激物入侵，也有保濕的功效。而皮膚會有敏感症狀出現，就是因為屏障已經受損，表皮的保護力變薄弱，造成表面的角質細胞排列不整齊、脆弱，因此肌膚容易流失水分、明顯變乾燥、抗菌能力變差，易受到外來物的刺激傷害，這時皮膚就發炎、起疹子、長痘痘，**變成敏感肌了**。

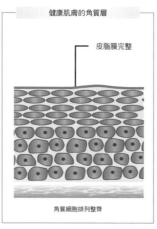

敏感肌膚的角質層　　　　　　健康肌膚的角質層

水分蒸發　　皮脂膜形成不良　　　外在刺激　　　皮脂膜完整

角質細胞薄弱、排列雜亂　　　　　角質細胞排列整齊

敏感肌 VS.痘痘肌、油性肌 它們不是一家人！

皮膚受到的刺激**分成內在和外在 2 種**，外在刺激如季節交替、保養品使用不當、過度清潔、過度去角質等，都會讓皮膚角質受損，導致肌膚出現敏感症狀。**內在刺激**則是和荷爾蒙有關，當我們壓力大、生活作息不正常時，皮膚就很容易長疹子、泛紅過敏。

那你可能會問：「同樣都是長痘痘疹子、泛紅發癢，**敏感肌、痘痘肌和油性肌**又有什麼不同？」它們之間最大的不同是：敏感肌是因為**外界物質刺激而產生毛囊炎**，特別容易在季節交替、氣溫和濕度都不穩定，或是空氣很差的情況下過敏、長痘痘疹子。而痘痘肌和油性肌的人，則是因為**體內荷爾蒙、皮脂腺分泌旺盛、痤瘡桿菌滋生**，所造成的毛囊炎而長痘痘疹子。

● 先天和後天敏感肌，以及保養法

❶ 天生敏感肌

有些人的敏感肌是與生俱來的，他們皮膚的角質層較為薄弱，就是俗稱「**皮膚薄**」的人。這樣的人對外界環境變化時，例如溫度、溼度、外物接觸、摩擦、空污等，抵抗力較差，**特別是在換季或疏於保濕修護的時候**，因為表面角質層缺水、排列不完整，肌膚就開始有脫皮、灼熱、發炎、乾癢、泛紅的現象。

❷ 後天敏感肌

通常是因為外在因素而造成的，例如：換季、日曬、不當的清潔方式，或是不適合的保養品、過度施打雷射等，都會使我們的皮脂膜受損，而造成**暫時性**的敏感肌。但是要特別注意喔，如果沒有在一開始就好好照顧受傷的皮膚，就有可能會演變成**長期敏感肌**，而不再只是暫時性的了！

3 **敏感肌的 4 個保養步驟**

1化妝水 → 2修護安瓶（杜克安瓶），視肌膚情況使用 3 補水產品（玻尿酸）→ 4 角質修護乳液。

要特別注意的是，我前面講到一般肌膚可以用敷面膜來補水，不過**大部分敏感肌的人敷面膜是會過敏的**，通常都是對**面膜紙**過敏，所以如果敏感肌要敷面膜的話，可以選擇「**生物纖維**」材質的面膜，或者直接選擇軟膜或凍膜來敷臉。（軟膜或凍膜就是看起來黏黏稠稠、抹在臉上要洗掉的那種）

02 Queen's Class
─ 女王の快狠準保養教室 ─

● Dr. 丸美醫教你 6 招自救

其實我在換季的時候皮膚也會變得容易乾癢，甚至是脫皮、起疹子和長痘痘，這種時候選用具有**角質修護力**和**保濕效果好**的保養品就很重要了

自救1 千萬不要過度刺激

有時候過敏發炎起疹子，很多人誤以為是長痘痘粉刺，因此用一些刺激性的產品（例如A酸）或**拼命洗臉**，想要消除這些疹子，反而讓皮膚狀況更糟！

其實，當皮膚出現敏感徵兆，例如：刺癢、泛紅、起大片的疹子時，**保養反而要盡量簡單**，不要用刺激性的保養品。如果可以的話，盡量不化妝，也不要清潔過度，暫時讓皮膚休息。

如果發炎情況已經比較嚴重，建議大家到診所就診，醫生會開立一些含類固醇的藥膏，急性期的時候可以使用。但有些患者會自行去藥房買類固醇藥膏長期塗抹在乾燥發癢、泛紅的地方，**這是絕對不可以的！**類固醇藥物一定要經由醫師評估後再使用，否則對皮膚的傷害更大。

⚡ 自救 2　提早保養

我們只要覺得**皮膚開始怪怪的時候**，就要特別注意了，不要等到皮膚開始泛紅脫皮、長疹子了，才來想辦法！如果知道自己換季時容易過敏，那我們在天氣開始變化的時候，就要提早換一組**保濕和修護性高**的產品。

我在開始換季的時候就會把保濕品**從乳液換成乳霜**，平常使用的酸類產品間隔時間也會拉長，2~3 天才使用 1 次，或是改成局部使用，有時候因為太忙碌，皮膚又開始乾癢脫皮，我就直接用杜克 E 活顏精華液幫皮膚做緊急修護。這瓶精華液被稱為杜克安瓶，在醫美診所非常紅，通常是雷射術後用來修護和保濕導入的產品，以前都是玻璃瓶裝，現在改成塑膠包裝，開口轉開後還有做一個小突起，用不完可以把開口塞起來，在家裡使用很方便。

女王愛用 緊急修護 好物

1 杜克 E　活顏精華液

杜克安瓶 1 支 1cc，我會分 2 次使用，針對脫皮乾癢的地方塗抹，然後輕輕擦到全臉。這瓶非常滋潤，質地有點像精油狀，擦到臉上後稍微用指腹按摩一下就吸收了。它含有 40% 的 SCA蝸牛活顏修護精華和類天然保濕因子，修護保濕效果非常好。也因為它的修護功能很強，所以對於乾性肌、敏感肌或是術後的皮膚，在修補肌膚角質層和提升保濕潤澤度都很棒！我通常使用 2 支精華液之後皮膚脫皮乾癢的情形就會改善，連續使用 1 個禮拜之後，皮膚的光澤度和水嫩感就會恢復很多！

如果皮膚開始乾癢脫皮，我會使用 1 個禮拜的杜克安瓶加上乳霜，等肌膚恢復之後，就單擦DMS 的角質修護乳液 (就是基礎乳)，搭配 2 天1 次的**保濕面膜**就可以了。

2 DMS 角質修護乳液（基礎乳）

DMS 這瓶我在前面的「乾性肌」也有介紹過。
它是我目前用過**角質修護**成分最完整的乳液了：
清爽型我會在夏天用，中性型適合高雄的冬天。

還記得我有說過保濕 3 元素：「**水、油、角質**」
嗎？DMS 可以把油和角質這 2 個部分完全做
到，這瓶乳液含有和角質層幾乎相同的成分。
Triglyceride(三酸甘油脂)、Ceramides(神經醯
胺)、Squalane(鯊烷) 及 PC(卵磷脂)，可以針
對敏感脆弱或容易乾癢的肌膚進行修護與保濕。
它擦起來相對杜克而言比較滋潤，所以我都晚上
敷完臉之後擦，這樣保濕 3 元素就可以完全做到
了！(敷臉—肌膚補水— DMS 基礎乳—完整鎖
水功能)

另外，這瓶在醫美診所有特殊的調劑包裝，可以依照個人膚況加入不同的精華
液，他們的精華液也都是以微脂囊形式包覆精華成分，對皮膚的穿透性佳，加
入精華液之後的基礎乳就變成完全依照你的膚質來打造的專屬乳液了！像我就
會在基礎乳中加入奇異果籽油 (可增加肌膚角質層滋潤度以及修護力)、微脂
囊傳奇淨白精華液 (主要成分是傳明酸，可以改善肌膚黯沉或蠟黃)、綠茶萃
取液 (主要是抗氧化成分，來減緩肌膚老化、增加光澤明亮度)。

DMS 的用量很省，官方是建議按壓約花生米大小，我會擠多一些，大約 1 元硬
幣大小，連脖子一起帶過。使用 DMS 大約過 2 個禮拜就可以發現早上起床洗
完臉後，肌膚很水嫩有光澤，感覺它把前一天晚上敷的面膜水分很完整的鎖在
肌膚底層了。這瓶乳液我很推薦給肌膚敏感的人使用，大約持續使用 3~4 週之
後，就會很明顯發現肌膚狀況變的比較穩定。

⚡ 自救 3　保濕放大絕：補水 + 鎖水！

敏感肌的保水能力差，比起一般人更容易乾燥，所以保濕要確實做好，這
點非常重要！要記得把前面「**乾性肌**」所講的保濕部分、補水和鎖水的重點，
全都仔細做確實喔。

我們可以先以**高保濕的水性成分**打底，抓住水分，例如：玻尿酸、天然保濕因子 (N.M.F)、維他命 B5 等，之後再搭配**角質修護面霜**來鎖水。

1 DMS 德妍思　玻尿酸精華液

德妍思的產品特點是，用微脂囊包覆精華液，非常好穿透肌膚！加上玻尿酸是補水的成分，很清爽，擦到臉上很快就吸收了。這瓶我會和面膜交替使用，如果當天沒時間敷臉，我就用這瓶精華液作為補水的步驟，早晚各 1 次，每次大約用 **1~2cc** 的量擦在全臉＋脖子按摩吸收。如果覺得最近皮膚比較乾，或是夏天去戶外活動回來，我就會增加使用量，大約 **2~3** 滴管左右。

不過如果肌膚是**長期乾燥缺水**、或是**外油內乾**的類型，我會建議這瓶直接加入日常保養中長期使用！因為這類肌膚最需要提高皮膚的含水量，讓肌膚可以油水平衡，而肌膚底層水分充足之後，皮膚才會水嫩。

我常常遇到剛從國外回來、或是坐長途飛機的人，都會覺得皮膚狀況很不穩定，我會建議他們先使用 1 個月玻尿酸精華液，配合保濕面膜，這樣因長期乾燥所造成的皮膚問題 (例如外油內乾、皮膚乾癢)，都可以恢復得很好喔！

2 杜克 C　保濕 B5 凝膠

又來囉，又是它！幾乎每種肌膚都適合！這瓶如果有在跑醫美診所的人對它一定很熟悉，網路上也滿多文章分享的。它的成分除了玻尿酸之外還有維他命 **B5**，可以提高皮膚含水量，是杜克萬年熱銷商品。擦起來的感覺滿水潤的，我大約 1 次是擠 1cc 的量來按摩全臉，讓它慢慢吸收。

 哪裡買

DMS 德妍思　玻尿酸精華液

💰 20ml　NT$1680 元

🛒 醫美診所、網路都有賣。

 哪裡買

杜克 C　保濕 B5 凝膠

💰 20ml　NT$2000 元

🛒 醫美診所、網路都有賣。

⚡ 自救4　淡妝為主、卸妝徹底！

　　如果皮膚還在過敏中，我建議你平常只要擦**防曬**就好了，彩妝產品還是先不要上，因為這時候的皮膚屏障是很薄弱的，特別容易受到外來物的刺激，彩妝中的成分很容易讓肌膚更不透氣。另外，因為肌膚角質受損，所以彩妝中的化學成分很容易滲入角質縫隙，造成肌膚更大的過敏反應。

　　卸妝的時候，要盡量選擇沒有香料或過多非天然添加物的清潔品，如果洗臉後感覺乾燥緊繃、有些微紅腫，就應該降低清潔強度，讓肌膚休養，因此最好選擇**溫和介面活性劑、不產生泡沫**的清潔產品比較好，但沒有泡沫有些人會不習慣，不過對敏感肌而言，這樣的洗面乳和其他起泡力強、清潔力強的產品相比，反而是比較好的選擇。

　　要特別注意的是，敏感肌的保護層已經不夠了，**不用特別去角質！**一般人常常以為敏感肌摸起來粗糙是因為角質堆積，然後拼命去角質，導致肌膚泛紅、暗沉的更嚴重！

　　敏感肌的皮膚粗糙暗沈，**並不是因為角質堆積，而是因為含水量不足**，角質細胞邊緣翹起、排列不整齊，所以更需要做好保濕，德妍思的產品就很適合過敏族，無乳化劑、香精等添加物，成分單純，還有角質修護功能。

DMS 深層潔膚露

它不含皂鹼和界面活性劑，洗完臉不會覺得緊繃不舒服，敏感肌的人可以試試看，不過我建議在使用德妍思的產品之前，可以先讓醫師評估肌膚狀況，它的乳液還可以另外再加入特殊修護成分，可經由醫師判斷幫你調配出不同的修護型乳液，讓角質細胞排列緊密，阻擋外界刺激，會更快復元。

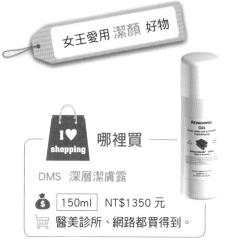

女王愛用 潔顏 好物

I ❤ shopping　哪裡買

DMS　深層潔膚露

💰 150ml　NT$1350 元

🛒 醫美診所、網路都買得到。

哪裡買

娜芙 NOV　防曬隔離系列

💰 約 NT$ 800~1300 元

🛒 網路、醫美診所有賣。

 自救5　物理性防曬

在皮膚過敏的時候，做好**物理性防曬**很重要，帽子、陽傘、長袖衣物加強保護，是敏感肌的日常保護之必要！而選擇防曬乳的話，盡量選擇溫和不刺激的「**物理性防曬成分**」，例如 二氧化鈦、氧化鋅等。

娜芙 NOV 防曬隔離系列

NOV 是日本牌子，全系列的防曬都是以物理性防曬為主，敏感性膚質的人可以依照自己的需求去做防曬係數的選擇。不過因為物理性防曬會稍微推不開、比較厚重，所以選擇係數高的防曬要特別注意會不會有容易長粉刺痘痘的情形？如果容易長痘痘粉刺，那就選擇係數低一點的，然後增加補擦的次數 (約 2 小時補1 次)，來達到防曬的效果。

自救6　請醫師開藥

如果皮膚過敏得很嚴重，一定要去看醫生！有些習慣性過敏的人會自己買藥回來擦，但通常這些藥物都含有外用類固醇，雖然藥效很明顯、一擦乾癢泛紅就全消失了，但**長期使用皮膚會變得更薄、降低製造膠原蛋白的能力**，變得更容易引發過敏、長痘痘疹子！陷入惡性循環，始終無法斷根。

急性期的時候，類固醇的確可以使用，只要不長期使用都沒什麼問題，但我不建議讀者自行買藥，一定要給醫師看過之後才能用，所以如果真的情況嚴重，還是到診所求診才是根本的解決之道！

QA Dr.丸美醫 有問必答

Q1 是不是只能買標榜「敏感肌專用」的保養品？

A 如果要找到適合自己的產品、用了不會過敏，就不必常更換。標示「敏感性肌膚專用」通常代表敏感肌使用發生過敏或不適的機率較低，但不代表能「改善」或「治療」敏感膚質。此外，有些號稱純天然或有機的保養品，它們的成分更複雜，不一定適合敏感肌喔。

Q2 出現敏感現象時，要立刻全面改用敏感專用保養品嗎？

A 建議最好每個單品使用約 3 天後再逐一替換，如果一口氣全面改用抗敏保養品，反而會造成肌膚的負擔，因此在更換保養品的過程中肌膚如果出現問題，也無法知道究竟是哪個產品與肌膚不合？

Q3 有醫美療程可以修護已經受傷的敏感肌嗎？

A 敏感肌的修護還是以平時的居家保養為主，醫美的療程大多就是保濕導入、修護導入等，其實自己在家也可以做，不必一定要上醫美

Q4 肌膚一旦受傷變成敏感肌，該如何修護、避免一輩子都在過敏的惡性循環中？

A 首先，避免使用刺激性的產品，最好選擇無添加物、具有角質修復舒緩功能的產品，你們也可以參考後面的「保濕篇」，盡量選擇成分單純的產品。

再跟大家呼籲一次保養的觀念：肌膚問題真的不要急，不要常常 1 個產品才用個 4、5 天就覺得沒效，急著換產品！**我們皮膚每 28 天才代謝一次**，所以要改善肌膚問題，至少 1~2 個月的保養期是跑不掉的喔。♛

史上最強馭膚術 3 敏感肌

Chapter 7

痘痘肌
Acne

史上最強馭膚術 4

成人痘、生理痘，壓力痘、膿皰大集合

痘痘至少需要 2~3 週的時間才會浮出皮膚表面，
所以一定要從根本來自救。

開始之前，我們先來了解一下痘痘的各種名稱，痘痘，也就是**痤瘡 (acne)**的俗稱，它是一種毛囊炎，因為青春期的人很會長，所以才會有青春痘這個名稱，但其實不只是青春痘，包括**成人痘、生理痘、壓力痘、膿皰，和其他有的沒的痘痘**，全部通通都是痤瘡！而粉刺發炎之後，也會變成痘痘。

痘痘肌的最大特徵就是臉上長滿粉刺與面皰，通常是油性膚質的人才會有。下面有個小測試，如果 5 個特徵裡你中了 3 個，很有可能就是痘痘肌了！

1 臉上容易出油，常常一早起床滿面油光。
2 臉部經常會有大大小小的膿皰。
3 膚色看起來很粗糙暗沉。
4 毛孔粗大，兩頰尤其明顯。
5 Ｔ字部位和下巴，甚至是兩側下顎線都有紅紅的痘疤，很難消掉。

TIPS

青春痘、成人痘、生理痘

有的人青春期沒長過青春痘，青春期時皮膚乖乖的，卻在 25~30 歲以後開始狂冒痘痘，大痘小痘長一堆！另外有些人則是青春期曾長過青春痘，中間停了幾年不長，年紀大一點又再度冒出痘痘，讓人不勝困擾！其實這些痘痘都是**痤瘡**，只是長的位置和原因不太相同。

成人痘產生的原因分 3 種，第一種是「**壓力型成人痘**」，比如工作或生活壓力大的時候，就會一直冒痘痘，尤其是剛從學校畢業、即將踏入社會工作的新鮮人，因為初次面臨工作、人際適應等龐大壓力，特別容易冒痘痘。

第二種是用了不適合的保養品、化妝品，或是清潔的方式不正確，而引發有點似過敏發炎的**毛囊炎**！最後一種則是生理期前後很容易長在下巴位置的**生理痘**，也是和荷爾蒙波動有關。

01 Queen's Class
—— 女王の快狠準保養教室 ——

● 「痘痘人」的特徵

❶ 毛孔粗大

皮脂分泌過度會導致毛孔粗大。毛孔就是皮脂腺的出水口，只是它出來的是油，不是水！當出水量越多的時候，也就是皮脂腺分泌很多油脂的時候，出水口 (毛孔) 就要越大才能讓油排出來，所以出油量越多的肌膚毛孔就越粗大。

皮脂腺分泌量過多，通常是由於內分泌荷爾蒙失調、壓力過大、環境污染、保養工作沒做好等原因。

內分泌和皮脂腺分泌有關，**男性荷爾蒙**是皮脂腺體壯大的關鍵。當男性荷爾蒙受到 5-α 還原酶的作用，轉變為氫化結構 (二氫睪固酮，Dihydrotestosterone) 時，這個氫化結構的荷爾蒙會刺激皮脂腺分泌大量油脂，造成肌膚出油。另一種毛孔粗大是**老化型**的，當皮膚逐漸失去彈性、毛囊周圍缺乏膠原蛋白等支援結構，很容易使毛孔顯得比較大，和油性肌的毛孔粗大原因不同。

❷ 粉刺黑頭氾濫

在兩頰、鼻頭和其他容易出油的地方長很多粉刺。粉刺的形成就是皮脂混和老廢角質，阻塞在毛孔裡面而成的。而黑頭粉刺是粉刺的表面接觸空氣氧化而變黑；白頭粉刺是表面沒有被氧化的粉刺，而粉刺表面被一層厚厚的角質蓋住的就是我們講的閉鎖性粉刺。

❸ 痘痘頻發

痘痘就是一種發炎現象，痘痘的形成是有一個叫**痘痘菌** (痤瘡桿菌) 的東西，當過多的皮脂堆積在毛孔混和老廢角質，導致毛孔阻塞，髒汙無法及時排除，**痘痘菌**就活躍起來了，原本沒發炎的粉刺就變成痘痘了！

4 膚色暗沉

皮脂分泌多的地方容易形成暗沉，加上我們的彩妝和空氣中的髒污因為皮脂而沾附在臉上，整張臉就一直會有油油髒髒的感覺。

以上 4 個特點都是痘痘肌的典型症狀，其中痘痘大概是最常見又麻煩的肌膚問題之一！幾乎 95% 以上的人都曾經長過痘痘，這些痘痘不但影響皮膚的完整性，如果不好好處理還會留下疤痕，也會影響我們的自信心，對工作或社交都會造成困擾。

大部分痘痘形成至少需要 2~3 週的時間才會出現在皮膚表面，如果我們只注意到表面的痘痘，而沒有處理皮膚下的真正問題，那就是治標不治本，痘痘還是會一直冒出來，臉部問題還是無法改善！

02 Queen's Class
─ 女王の快狠準保養教室 ─

● 為什麼你是「痘痘人」?!

1 皮脂腺過度分泌→肌膚太油

正常情形下，皮脂腺分泌的油脂會分泌到毛孔外，在皮膚表面形成一道**鎖水的薄膜**，避免肌膚的水分流失，但是受到環境、荷爾蒙等因素的影響，皮脂腺分泌活性增加，分泌出過多的油脂，這些油脂混合老廢角質就會阻塞毛孔，造成痤瘡桿菌大量繁殖，產生發炎反應，形成**發炎性青春痘**。

2 荷爾蒙的刺激→雄性賀爾蒙作祟

皮脂腺裡油脂的分泌是由荷爾蒙所控制，而**油性肌**和**痘痘肌**都是由於體內荷爾蒙的高低起伏所引起的。體內的**雄性荷爾蒙**會造成皮脂腺分泌過剩、產生過多的油脂，這些油脂和老化角質混合堵住皮脂腺和毛孔，就會產生痘痘了。所以我們在青春期、還有女生月經快來之前，因為荷爾蒙的改變，這些時期都特別容易長痘痘。

③ 毛囊角質化過程異常→毛孔阻塞

由於毛囊內角化不良的角質、老化的角質阻塞毛細孔，造成皮脂無法從毛孔排出，形成青春痘。

④ 痤瘡桿菌的過度增生→感染發炎

痤瘡桿菌是正常毛囊中就有的細菌，老化的角質細胞和油脂是痤瘡桿菌最好的繁殖溫床，當痤瘡桿菌聚集在毛細孔內過度繁殖時，會發炎、紅腫，形成青春痘。

⑤ 外來物的刺激→過敏發炎

有時候我們對化妝品、保養品、藥物或是特定食物過敏，這些過敏原會刺激皮膚造成青春痘的產生。

自救 1　從日常保養開始改變

記得我們一開始說的，痘痘形成至少需要 2~3 週的時間才會出現在皮膚表面，所以我們一定要從根本原因來下手，才能真正解決痘痘的問題！

1 改用溫和的洗面乳

過度的清潔反而造成皮膚刺激與乾燥，或是油分代償性增加，不但不會減少痘痘生成，反而會使痘痘加速惡化。

2 不可以自己擠痘痘

我常常在診所會遇到用很多相信偏方的患者，例如拿牙膏或綠油精來塗抹痘痘，甚至完全不洗臉，來讓肌膚自己帶代謝痘痘的恐怖做法！這個不洗臉讓肌膚自行代謝的方法，是一位日本醫師教的，但是日本氣候和環境跟我們台灣差很多好嗎！如果照那樣做，我保證你的皮膚會糟到不行！

親愛的，用這些方法並不會讓痘痘消失，反而會因為過度刺激而讓痘痘變得更嚴重！嘗試任何方法之前，記得一定要想一下適不適合自己喔。我再次強調，不要相信偏方謠傳、不要自己對著鏡子摳摳擠擠，我們手上和指甲裡的髒污都會加重痘痘生成，一定要交給專業的醫師或美容師處理。

3 用對抗痘產品

現在的保養品或化妝品常常講求多種功效，裡面含的成分也比較多樣化，容易造成皮膚過敏。在冒出痘痘前，請你先看看自己是什麼樣的肌膚？若是油性肌就用油性肌的產品，若是乾性或混合性肌膚偶爾長痘痘，只要針對局部容易長痘痘的地方擦一些**油性肌適用的抗痘產品**即可。

長痘痘後就是痘痘正在發炎紅腫期，請先至診所就醫，可以拿診所的痘痘藥膏擦，不要亂用偏方。一般來說，只要適度清潔、做好保濕（清爽型），再加上一些抑制皮脂腺分泌、加速角質代謝成分的保養品（杜鵑花酸、水楊酸、果酸等），或是配合醫師開的口服、外用痘痘藥，痘痘就可以改善喔。

4 卸妝要徹底

現在女孩子幾乎都有化妝的習慣，所以記得睡前一定要卸妝，否則臉上的彩妝混合油質就容易長痘痘粉刺。尤其長痘痘後，粉底和遮瑕膏會蓋的更厚，就更容易造成毛孔阻塞。

如果是用卸妝油，記得一定要「**加水乳化完全**」才卸掉，乳化不完全，卸粧油就會殘留在毛孔中，更容易引發痘痘。像我只要一回到家，就會立刻洗手、卸妝、擦上保濕乳液，讓皮膚在回家之後可以好好休息。

5 使用酸類產品

水楊酸、維他命 A 酸、果酸和杜鵑花酸，都有去角質和殺菌的作用，可以防止毛孔阻塞，對粉刺和痘痘的抑制很有效。我在青春期時，Maggie 姊晚上都會讓我擦這類產品，抑制我的青春痘生長，所以我很推薦這類成分給被痘痘粉刺困擾的人使用。

不過在使用酸類產品時有個特性：初期常會有刺激、脫皮的現象，**A酸**也容易產生**光過敏反應**，所以最好是在**晚上擦**，白天用溫和的洗面乳清潔之後，擦上清爽型乳液就可以了。

目前我主要是用**杏仁酸和水楊酸**來代謝肌膚的老廢角質，做日常保養和粉刺預防，偶爾使用泥面膜來吸附臉上過多的油脂，但切記1個禮拜最多使用泥面膜2次，免得肌膚太乾燥反而刺激痘痘生長。

⋮⋯ 6 調整生活作息

不要忘記，痘痘的產生跟**荷爾蒙**有很大的關係，現代人生活壓力大、飲食不均衡，容易造成荷爾蒙失調，臉上長滿痘痘和粉刺，所以要保持均衡飲食、睡眠充足，還要記得適時時放鬆一下喔！

不過這個對當媽媽的來說真的有點困難，只要前一天兒子睡眠比較不穩定，我隔天一定滿臉油光、皮膚暗沉，連粉刺都會冒出來，真是讓人崩潰！

通常我起床後就先清潔臉部，T字部位再敷上泥面膜，先暫時把皮膚表面過多的油脂清除，才會繼續我日常的保養。

1 皙斯凱 Nucelle
高效煥采精華露（杏仁酸 10%）

女王愛用 抗痘 好物

一般的杏仁酸都是做成透明精華液類型，這瓶比較特別是偏乳液狀的，是精華乳的形式。我很喜歡這瓶杏仁酸，因為乳液的劑型比較滋潤，通常使用杏仁酸的人都容易有脫皮、脫屑的問題，這瓶乳液型杏仁酸對於發生這類情形就降低很多。痘痘肌或油性肌用這瓶建議**全臉擦**，每次大約按壓 5 下，可以直接當乳液使用。

2 理膚寶水　淨痘無瑕調理精華

這瓶含 0.5% 水楊酸，質地也偏精華乳型態。水楊酸屬親脂性，能夠深入毛孔代謝老廢角質、油脂，並抗發炎，對痤瘡桿菌和表皮的金黃色葡萄球菌有很好的殺菌效果。這瓶我在懷孕初期長痘痘的時候，也是直接拿來全臉擦當乳液使用。

⚡ 自救2　醫美療程（酸類換膚、雷射光療）

醫美最常見的痘痘療程就是酸類煥膚，搭配雷射或脈衝光，達到加強肌膚代謝、抑制皮脂腺分泌、消除痤瘡桿菌的效果。雷射也可以幫助痘疤色素沉澱比較快速的代謝掉。

〰〰〰 酸類換膚小提醒 〰〰〰

1. 現在診所的酸類換膚療程非常多種，使用的酸類也都不同，施作之前一定要詢問診所醫師！而醫美療程只是輔助，最重要的還是日常保養喔。

2. 療程後選用溫和不刺激的洗臉產品，勿用海綿、毛巾用力擦拭，也不可以去角質。

3. 療程後 3~7 天內避免使用刺激性保養品，如偏酸性或含果酸、酒精、香料等，以低敏感性產品為主。

4. 注重保濕及防曬！建議防曬係數 30 以上，且每 2~3 個小時補擦 1 次，並多用陽傘及遮陽帽。

5. 有些人剛開始做酸類換膚後，會發生粉刺或痘痘增加的現象，請勿擔心，這是正常的！因為酸類去除皮膚的老廢角質後，會把毛孔內的粉刺及痘痘排擠出來。切記，請勿自己用手擠粉刺或痘痘，建議搭配清痘保濕療程。

自救3　藥物治療

1 外用藥膏

一般而言，診所會開一種針對大痘痘的藥膏，叫做「Aczo **雅若凝膠**」，成分是 Benzoyl peroxide 5%，可以溶解角質、抗菌。只要局部點在發炎的大痘痘上就可以了，不要大面積的塗全臉，會乾燥脫皮得很嚴重喔！

如果是全臉嚴重的痘痘，醫師會考量加上 A 酸藥膏，目前最常見是用第三代 A 酸「Differin **痘膚潤**」，它可以促進肌膚角質代謝、抗發炎、抑制皮脂腺分泌，改善痘痘的效果很明顯，一開始使用會覺得粉刺痘痘變多了，是正常的代謝過程，不要去摳痘痘喔！如果真的受不了，可以請專業的美容師把粉刺痘痘清出來，再敷上清爽保濕修護的面膜來鎮靜肌膚。

2 口服抗生素

如果痘痘是屬於高度活躍或嚴重的情況，除了擦藥之外，可能還需要配合數週～數個月的口服抗生素藥物治療。

口服藥的部分，大致分為**抗生素**和**口服 A 酸**這二種。口服抗生素是要抑制痘痘內的痤瘡桿菌，一般大約使用 2 個禮拜，痘痘就會明顯的減少。在治療初期，由於病況還沒有得到完全的控制，所以仍可能會冒出新的痘痘，但經過一段時間，冒痘痘的速度會逐漸減緩。記得不要自己去買痘痘藥物來服用喔，一定要經由醫師診治過後開藥，服用後如果痘痘有改善，也不要自行停藥喔。

3 口服 A 酸 (Roaccutane)

口服 A 酸則是給嚴重痤瘡患者使用的，例如**結節型痤瘡、囊腫型痤瘡**（就是很大一顆、沒有白頭、很深層的痘痘，有些人會長在背部或臀部，會很腫、疼痛感明顯）。它可以達到的效果有：1.**抑制毛囊角化，協助控制粉刺**。2.**抑制皮脂腺活性、減少肌膚出油**。3.**抑制痤瘡桿菌繁殖**。4.**抑制毛囊發炎反應**。不過它的副作用明顯，使用上要特別注意，有些人服用後會覺得噁心不適或是肌膚和口腔黏膜變乾燥，且有**致畸胎**的危險性，所以孕婦不可以使用！

Q1

不管怎麼做，痘痘都時好時壞、也不容易消除，怎麼辦？

A 戰痘本來就是長期抗戰，至少 3 個月起跳，應該讓醫師繼續追蹤，找出最適合個人的治療方式，例如**使用外用 A 酸 1、2 個月**。另外，生活作息正常、不熬夜、少喝含糖飲料、少吃甜食也很重要。

Q2

痘痘肌飲食有禁忌嗎？

A 其實就是清淡一點，不要吃高油、高糖分、油炸或是太精緻的甜食。我有一位患者是嚴重的痘痘肌，她只要喝咖啡吃甜食，下顎和下巴就會冒很嚴重的痘痘，所以她每次來診所，我一看肌膚狀況就知道她最近是不是又跟朋友去吃下午茶了。

Q3

有沒有醫美療程可以減少肌膚出油和痘痘的產生？

A 跟油性肌一樣，我很推薦長期被痘痘粉刺困擾的人可以選擇「醫洗臉 TheraClear」這個療程來改善問題，這個療程在網路上還蠻多人寫分享文的。**醫洗臉**分為 2 個步驟：

▶ 1 負壓清潔

利用特殊的光動力技術 (Photo Pneumatic)，將毛孔進行深層清潔，均勻且溫和的引出毛孔內髒汙及粉刺，可避免用手去擠壓毛孔所造成的傷害和感染，細菌也不易孳生，還可降低痘痘生長的機會。

▶ 2 動力修護

氣動光是一段高能量的寬頻譜光束 (500-1200nm)，兼顧保養及治療效果，**短波長**可以殺死痤瘡桿菌、快速退紅；**長波長**可以抑制皮脂腺出油、緊緻肌膚、縮小毛孔、刺激膠蛋白新生。

滿臉痘痘的人也可以使用**醫洗臉**，因為**醫洗臉**有寬彩光可以殺死痤瘡桿菌中的紫質、有效抑制痘痘，並且利用負壓清潔，將阻塞在毛孔的髒汙、粉刺吸出，改善油性膚質的問題。

療程中，臉部會感覺到輕微吸力及溫熱感，在加強的位置會比較有感覺，但大致上是不太會痛的。剛做完時，有痘痘的地方會比較紅一點，覺得臉摸起來很乾淨、粉刺也少很多。

有人做完**醫洗臉**會開始冒粉刺、痘痘，那是因為未成熟的痤瘡患部經過負壓吸力與寬彩光刺激後，會有短暫惡化的現象，但經過 1、2 次療程後，痘痘的狀況會逐漸改善，並且可以明顯感受到膚質狀況越來越好！**醫洗臉**每次療程約 25~30 分鐘，油性肌每次治療間隔 7~14 天左右。平均 4~6 次的治療為一個完整療程，每次約 NT$2500~4500 元不等。

Q4 痘痘人出門可以擦防曬嗎？可否推薦適合的防曬品？

A 痘痘肌可以使用有潤色型的防曬，一般來說，**潤色型的防曬會比較乾一點**，不容易有出油的問題。另外，有些人對化學性防曬成分過敏，購買前記得先在脖子或手臂內側試用看看喔！

這 2 支在網路和醫美診所都有賣，它有分潤色和無潤色二種，潤色版的拿來**擦脖子**、無潤色的拿來**擦臉**，因為通常脖子的顏色比較深，如果潤色的又拿來擦臉，這樣臉和脖子色差會很大，看起來臉很白。而因為是凝膠性質的防曬，質地擦起來都很清爽，記得要輕點後再推開喔。

哪裡買

荷麗美加
（潤色）、（無潤色）
SPF50+/ PA++++

 60ml NT$980 元

🛒 醫美診所或網路都有賣

Q5 青春痘是老廢角質將毛孔塞住，我用磨砂膏把老廢角質除掉就不會長痘痘了嗎？

A 毛孔角化異常雖然也是青春痘造成的原因，不過還是建議使用溫和性的方法幫角質代謝正常。而利用物理性去角質的方式，如磨砂膏或洗臉機，容易造成皮膚受損和拉扯，對痘痘不但沒有幫助還容易長出細紋。

Q6 我已經用強力清潔的洗面乳了，為什麼還是一直冒油長痘痘？

A 齁～！你沒有認真看上面的文章喔？過度清潔只會去除皮膚表面的油脂，對青春痘形成的原因一點作用都沒有喔！

這些清潔力很強、刺激性大的產品會破壞肌膚對細菌的抵抗力，和青春痘的瘉合能力，而且過度的清潔容易讓肌膚更刺激和乾燥，或是油分代償性增加，反而會使青春痘更加惡化。♕

Chapter 08

史上最強馭膚術 5

又油亮又粗糙的病態膚質

外油／內乾肌

Queen 只要把補水做好，肌膚的問題就會改善、油光消失！

其實，醫學上並沒有「外油內乾肌」這種說法，「**外油內乾**」是一種肌膚的病態狀況。

不過我在臨床上卻發現外油內乾的情況好像很常見，很多人覺得自己的皮膚明明就很乾，卻還是一直出油，臉部乾燥的地方非常乾（**兩頰和下巴乾到脫皮**），但是T字部位卻狂出油，搞到都不知道保養品到底應該選乾性肌的還是油性肌的？十分困擾！

其實，臉上會又乾又油，是因為大部分人都是混合性膚質，才會產生這種俗稱外油內乾的情形。另外，我們講到真正的外油內乾肌，其實是**肌膚出了問題**，通常油性肌比較容易有這種情形發生。

肌膚健不健康，跟我們的角質層有很大的關係，當角質層水分不足或是缺損時，角質層中的保濕因子就會流失，肌膚因此而變得乾燥，皮脂腺分泌的油脂也無法像健康油性膚質的人可以均勻分散在肌膚表面，皮膚就會看起來又油亮、又粗糙！通常是油性膚質清潔過度、或是各種皮膚炎，例如天氣乾冷的**乾性皮膚炎**、用了刺激性酸類造成的**刺激性皮膚炎**等，造成肌膚這種「外油內乾」的情況。

病態的第五類肌

病態的外油內乾肌最大特點就是：明明肌膚一直出油，卻還是會覺得緊繃不舒服，甚至會紅腫脫皮，也常常因為出油而上妝浮粉，但擦了許多保養品又無法改善，造成不知該如何處理的困擾。肌膚出現這種情況，不可以用強性控油產品和吸油紙，而是應該先去診所就診、找出外油內乾的原因，最好先停止上妝，讓肌膚休息一段時間。

不過，要特別注意的是，研究顯示肌膚表面在油脂比較多的時候（就是肌膚比較油的時候），角質層水分更容易散失，也就是說，**越油的肌膚，可能越缺水**！因為肌膚乾燥的時候，角質層中的保濕因子、神經醯胺等保濕成分會無法從角質層中分解出來，造成肌膚越來越乾燥。

Queen's Class
─ 女王の快狠準保養教室 ─

● 對付很簡單 = 控油 + 保濕

　　其實對外油內乾肌的照顧很簡單，只要針對容易出油的地方**控油**、容易乾燥的地方**保濕**，就可以改善外油內乾的情況、做好日常保養了。

　　先來講講出油的地方如何做好控油？控油有非常多種成分，混合性肌膚使用酸類產品就可以做到不錯的控油效果了。如果局部出油情況嚴重，建議大家可以使用水楊酸類的產品 (例如**理膚寶水的抗痘系列**) 來達到深入毛孔的控油效果，或者直接到診所看診，請醫師評估能否開**杜鵑花酸**等藥膏給你回家抹，可以促進角質正常代謝、減少肌膚出油長粉刺痘痘的情況。

　　我自己在秋冬換季、或是剛搭完長途飛機的時候，肌膚也會出現俗稱外油內乾的狀況，這時候我通常會**全臉敷上急救型的保濕面膜**、加上局部出油部位使用**杏仁酸精華乳**，2 個搭配起來使用，讓急救型的保濕面膜幫助肌膚補充水分，而杏仁酸精華乳的功用就是加強幫助出油的 T 字部位角質代謝、控油。或者有時間的話，也可以用一般的保濕精華液針對乾燥的地方加強按摩、促進精華液吸收。

　　再來說到保濕，保濕導入的用品可以選擇杜克或德妍思的玻尿酸精華液，搭配**居家用的導入儀**來使用 (日本廠牌的有很多)，先敷面膜後再用玻尿酸導入大約 3~5 分鐘，持續這樣做大約 3~5 天，肌膚就會比較水潤了。

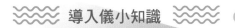 導入儀小知識

一般市面上的導入儀分 3 種：

1 **離子型**：利用電荷來促進成分吸收，所以離子型導入儀對**乳液**、**乳霜**這種產品是沒什麼效果的。

2 **熱能型**：利用紅外線提高肌膚溫度，使毛孔張開提升血液循環，跟我們洗完熱水澡後馬上擦身體乳，覺得比較好吸收的道理很像。

3 **超音波型**：利用高速震動加強吸收，就像幫你做全臉細緻的按摩、加強保養品吸收。

大家可以依照自己習慣使用的產品去做導入儀的選擇，而我個人使用的導入儀是 **hitachi 離子導入儀**，使用起來我覺得針對原本就分子小、好吸收的產品其實差別不大，但針對一些普通的保濕用品，例如比較黏稠性的保濕化妝水等，吸收效果有比較好一些。另外，hitachi 的導入儀可以選擇模式，最後一個乳液的導入模式會一直震動，我覺得這個模式的效果跟超音波導入有點類似。

1. 皙斯凱　全效嫩白修護面膜

女王愛用 保濕 好物

這盒面膜是我偶然在醫學研討會拿到的試用品，敷了一次之後馬上打給業務訂了 20 盒，還順便叫好姐妹們也一起訂了。

這片面膜材質比較特別，是用奧地利原廠面膜布料，它是黑色的，但不是特別染色的喔！敷完會馬上感受到皮膚吸飽了水分，照鏡子發現肌膚很透亮，精華液按摩後也很好吸收，不會黏黏的。隔天起床洗完臉後膚質還是很水嫩，就算沒有擦保養品還是感受到帶有光澤感的健康好膚質。

我一次大約敷 10~15 分鐘，敷完不需要清洗，直接將精華液按摩吸收，然後把面膜上多餘的精華液拿來擦在脖子和手肘、膝蓋上。

我大約 1 週敷 2~3 次，如果遇到重要的活動就事先連敷 3 天，在當天要上妝的前 1 個小時會再敷 1 片，因為上妝前的肌膚底子是非常重要的。上妝完比較吃妝之後，膚質透亮感就會感覺得出來。

I ♥ shopping　哪裡買

皙斯凱 全效嫩白修護面膜

💰 1盒10片　NT$ 1500元

🛒 醫美診所或官網有售。

這片面膜的亮白和補水功能非常好，裡面主要成分是複方水果萃取和維他命B3，能夠抑制黑色素生成和維持肌膚的透亮感。補水的部分是由玻尿酸來當主力，膚質吸飽了水，當然就會有光澤啦！

史上最強馭膚術 5 外油內乾肌

2. 得英特 Derm iNstitute 水凍膜

當初我是看節目上推薦，稍微 google 了一下，發現它好像真的很厲害，一時腦波弱就買了~~

這包水凍膜一包的量是 3 ml，我每次都是使用一整包敷全臉，另外在容易乾燥脫皮的地方，例如：眼周、下巴、眉心處，會敷厚一點。敷上去涼涼的、很舒服。我在網誌上有看過別人分享 1 次敷一半的量，不過我自己覺得這樣雖然省，但是薄敷一層可能無法達到效果，我還是習慣用正確的使用量。

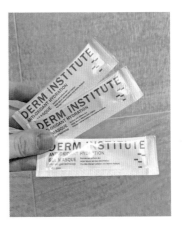

一般我是在上完臉部的精華液後就敷上水凍膜(因為我的精華液比較滋潤，所以就不再擦乳液了)，大約 20~30 分鐘後，凍膜比較吸收了就可以去睡覺，翻來翻去也不會弄髒枕頭，隔天早上洗臉時，就會發覺肌膚的柔軟度和細緻度有明顯的提升，臉變的很柔嫩！

 哪裡買

得英特 Derm iNstitute 水凍膜

💰 1盒14包 NT$2980元

🛒 網路、實體店面有在賣。

疫情爆發前，我有一次冬天出國搭長途飛機就是用這款凍膜！以前我都是帶片狀面膜上飛機敷，不過有點麻煩會滴得到處都是，而且有一次還不小心嚇到別的乘客(面膜敷上去整張臉是白的)，後來那次就上飛機吃完餐、洗完臉之後直接敷上這款凍膜，既不會嚇到別人，照顧兒子也很方便(以前敷臉兒子都會想要把面膜扯掉)，我那次搭了 18 個小時的飛機，中間總共敷了 2 包水凍膜，下飛機之後完全沒有以前搭完長途飛機後滿面油光的情況！

 臉會發光的 雙重敷法！

除了單一使用外，我還嘗試了不同的用法唷！我會先敷**皙斯凱或 Dr PGA 的嫩白保濕面膜**後，把面膜中剩餘的精華液用導入儀加強吸收(或是按摩也可以)，待精華液完全吸收、臉上不會黏TT

之後，再敷上這包 Derm iNstitue 的水凍膜，大約半小時後就去睡覺。

相信我，這個「**雙重加強版**」的敷完，隔天臉會像發光一樣，光澤感非常棒！上妝也很服貼，特別在眼周這些容易有小細紋的地方，也不容易卡粉喔！

但是，這個凍膜不要使用導入儀喔，我之前使用導入儀，導了 3 分鐘之後，發覺水凍膜好像都乾掉了，比單敷的效果還差。

Q1 皮膚不停出油，所以完全不擦保養品可以嗎？

A 一般在 20~50 歲之間的人大多是混合性肌膚，有些部位容易出油、有些部位乾燥脫皮，所以保養沒做好，肌膚就會出現又油又乾的狀況。

我們要注意的是，皮膚表面油脂過多的時候，肌膚的水分會更容易散失，所以肌膚越油的時候反而會覺得更加乾燥不舒服。而在太過乾燥的的情況之下，皮膚的天然保濕因子就不會分解出來，造成皮膚更乾，形成惡性循環，所以還是要適度的**保濕和控油**，而不是都完全不擦保養品喔！

Q2 有時洗完臉會覺得緊繃刺痛，所以盡量不洗臉，可以嗎？

A 現在空氣真的很髒，如果不洗臉會讓空氣的髒污和臉上的油脂、老廢角質混合在一起，引發痘痘粉刺，也會使毛孔粗大出油、臉看起來髒髒的很暗沈，所以還是要好好清潔、不能逃避。

至於洗臉會覺得緊繃不舒服，可能肌膚正處在比較敏感的情況，可選擇溫和的產品，避免界面活性劑的成分（**就是選擇不容易起泡泡的**），就比較不容易刺痛緊繃了。♛

Chapter 9

自帶女神光環

不上妝也

Comes with a halo

白・透・美

光澤裸肌養成法！

Queen 真正的美膚不只是白皙，不上妝也要有光澤感！

老一輩的人喜歡說「一白遮三醜」，所以常看到阿嬤那一輩的只要化妝都會把自己塗得非常白，但是隨著韓劇當道，**看起來像素顏卻又光澤透亮感很高的裸妝**，變成是現在女孩們所極力追求的。

常常在路上看到有些女生皮膚看起來是白的，但是因為膚質不夠好，可能有斑、痘痘、粉刺等，因此必須蓋上很厚的遮瑕膏，或是為了追求光澤感而加上含珠光的蜜粉，光澤感雖然有了，但是整張臉看起來髒髒油油的，很不好看。

另外一個追求光澤感的族群應該就是跟我一樣的媽媽族了吧？媽媽們，我們真的不可以變成**黃～臉～婆**！但是當了媽媽之後，實在沒那麼多時間照著教學影片一步步打造光澤裸妝，所以**「就算不上妝也要有光澤感」**，對我而言就很重要了！

其實，我們只要能把肌膚暗沉的問題處理好，皮膚自然就會呈現出透亮有光澤的樣子，而皮膚一有光澤，只要擦個防曬出門就很美了！千萬記住，**保濕和防曬**是預防皮膚暗沉的第一步！

Queen's Class
― 女王の快狠準保養教室 ―

● 害妳總是暗沉、蠟黃、氣色不佳的 6 大原因！

1 臉上汗毛

　　我們臉上有許多小細毛，大部分的人都不是很明顯，但我們可以仔細看鏡子裡的**顴骨和人中處**，這裡的汗毛是最容易被自己發現的地方。由於毛髮是黑色的，就算汗毛很細，但因為覆蓋住整個臉，會讓臉看起來灰灰暗暗的，空氣中的灰塵髒汙也很容易卡在汗毛上，對肌膚造成刺激而長粉刺痘痘。除此之外，保養品也容易因為汗毛的阻隔而無法直接被肌膚吸收，化妝時也容易出現不貼妝和浮粉的問題。

> **自救**　雷射除毛

　　古早時的挽面，就是用傳統方法來除掉臉上的汗毛，但由於操作手法和衛生因素，很多女生挽面後臉會腫痛，甚至出現毛囊炎的問題，現在有雷射除毛之後，臉上汗毛的問題就可以很有效的解決了。而且用雷射的方式也可以直接破壞毛囊，達到抑制毛髮生長的功效，但是臉上的汗毛比較細，數量也比較多，需要定期施作，無法和腿毛或腋毛一樣達到永久去除的效果！

　　臉上汗毛除掉後，首先臉會變得比較亮白，髒污灰塵不容易卡在臉上，痘痘和粉刺也會改善，也由於汗毛除掉了，上妝時會感覺比較服貼，妝感不再需要那麼厚重。

2 殘妝

　　現在女生大都有化妝習慣，如果懶得卸妝或是卸妝不夠徹底，彩妝殘留在臉上，與臉上的油脂互相混和，就容易造成肌膚暗沉。如果是像我平常只有上隔離防曬霜的人，可以用輕透一點的卸妝水來卸除防曬，溶出臉上的油脂髒汙。

不上妝也白‧透‧美 光澤裸肌養成法！

093

我平時是使用 ORBIS 澄淨卸妝露 EX，這瓶我使用快 10 年了，一開始還會託人去日本買，後來發現台灣在折扣的時候其實跟日本幾乎沒有價差。我一次大約按壓 4 下，全臉輕柔畫圈按摩過後，沾一點清水乳化後再洗掉。它的質地介於卸妝水和卸妝油之間，沒有卸妝油那麼厚重，針對淡妝的卸除效果很好。卸完妝、洗完臉之後，臉部不會覺得乾澀，也沒有殘留感，用起來很舒服。這瓶用過之後我會用洗面乳再做 1 次臉部清潔，確保臉上沒有任何殘留。

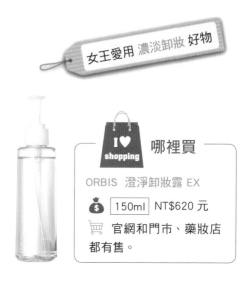

女王愛用 濃淡卸妝 好物

 哪裡買

ORBIS 澄淨卸妝露 EX

💰 150ml NT$620 元

🛒 官網和門市、藥妝店都有售。

如果當天是濃妝 (**有蓋遮瑕膏、粉底液、上蜜粉之類的**) 我就會用 **THREE 卸妝油，** 我會選這瓶是因為它乳化速度很快，沖掉之後臉部不會緊繃，也不會有厚重油膩的殘留感。我通常會按壓 3 下，全臉按摩 2 分鐘，加一點清水乳化後按摩約 2~3 分鐘，洗掉後再用洗面乳洗 1 次。

這瓶有淡淡的柑橘味，使用起來很療癒放鬆。如果是錄影或採訪的妝，我就會卸 2 次，確保臉上的彩妝都被溶掉了，然後再用洗面乳清潔臉部 1 次。記得，眼妝要另外用溫和的眼唇卸妝液來卸除喔！而且不要清潔過頭了，一般皮膚呈現 pH5.5 弱酸性，具有抗菌能力，清潔過度會破壞弱酸性，皮膚反而會受到傷害。

 哪裡買

L'oreal 巴黎萊雅溫和眼唇卸妝液

💰 125ml NT$299 元

🛒 我用了大概 100 年了吧！XD 根本每個女生必備的，網路、藥妝店有售。

 哪裡買

THREE 卸妝油

💰 200ml NT$1450 元

🛒 百貨專櫃購買。

③ 老廢角質堆積

皮膚如果沒有正常新陳代謝，老廢角質就會堆積在肌膚表面。老廢角質的排列不平整，當陽光照射到皮膚上時，不平整的角質層會使皮膚看起來粗糙暗沉。此外，老廢角質也會讓皮膚代謝出問題，除了暗沉，還會產生油脂腺分泌旺盛、毛孔粗大、黑色素沉積等問題。

⚡ 自救　定期去角質

去角質 1

　　定期使用溫和去角質產品，可以維持肌膚正常代謝，但是臉的皮膚比較細緻也比較薄，千萬不能使用含有磨砂顆粒的產品，這些顆粒很容易使臉部肌膚受到傷害。我建議的角質代謝是用 A 酸、杏仁酸等比較溫和的化學換膚方式。

　　我自己是 4~6 週會在家裡使用 1 次**低濃度的杏仁酸換膚**，大概從 10% 開始，然後 1~2 個月會在醫美診所做 1 次醫療級的**化學換膚**。**杏仁酸保養品**我通常是每天使用，針對容易角質堆積、長粉刺的地方塗抹來保持角質正常代謝。而做完醫美換膚後，我會停止 1~2 週的居家杏仁酸保養。

　　要特別注意的是，容易敏感的肌膚在使用這些酸類產品之前，一定要跟醫師說明，可以到皮膚科或醫美診所諮詢肌膚狀況再看看是否適合？使用後如果皮膚有紅腫、過敏或刺癢不舒服就要停止使用，讓肌膚休息一段時間。

　　居家杏仁酸保養品 (可以天天擦的那種，**杏仁酸煥換膚只有診所可以操作喔！**) 我推薦哲斯凱的高效煥采精華露 (杏仁酸 10%)。一般杏仁酸都是做成透明精華液，這瓶比較特別是**偏乳液狀**，是精華乳的形式。

　　我很喜歡這瓶杏仁酸，因為乳液的劑型比較滋潤，通常使用杏仁酸都容易有脫皮、脫屑的問題，但是這瓶發生的機率就低很多。而且乳液狀的親膚性也比較高，對皮膚比較溫和，酸類產品通常是比較刺激的，做成乳液狀可以減緩我們在使用上的不適。

我是偏乾性的混合肌，通常春夏換季或夏天肌膚容易**出油暗沉、長粉刺**，這時候才會使用這瓶。我會先擦玻尿酸保濕精華液，之後再視肌膚狀況局部使用它，每次大約按壓5下，擦完全臉再擦脖子，要記得避開眼周，最後再擦上乳液或乳霜。

這瓶也含有藻類的修護成分，我直接拿來使用在臉上完全沒有刺癢不適的感覺，**很適合初次接觸酸類產品的人**，有一次我不小心擦到眼周附近，是有一點癢癢的，但沒有強烈的不適感，不過還是要記得避開眼周喔！一開始使用的第一個禮拜會覺得粉刺變多，這時候完全不用管它，只要在洗臉的時候加強按摩、代謝粉刺就可以了，但在1個月後，洗臉的時候會很明顯感覺鼻翼和兩頰的粉刺減少很多，臉上的顆粒感也減少，變得比較光滑。

我是**容易長閉鎖性粉刺的體質**，閉鎖性粉刺就是生長在皮膚較深層的粉刺，主要是因為毛孔被老廢和增生的角質堵住，讓粉刺無法冒出頭來。有時候會慢慢自己代謝出來，但也可能發炎變成痘痘，而擦了這瓶杏仁酸之後，已經長的閉鎖性粉刺會比較容易浮出來，我會請診所的美容師幫我處理掉。千萬記得！這些閉鎖性粉刺要比較浮出來了才能處理，如果硬去擠它，皮膚會容易受傷且留下疤痕。

果酸類產品代謝老廢角質的功效很好，我皮膚暗沉的情況也因此改善很多，大學同學都以為我變白了，其實只要把老廢角質代謝掉、表皮層的排列整齊，皮膚看起來就會透亮、變白。

　　這瓶乾性肌的人可以使用於**精華液後、乳液之前**；油性肌可以**直接當乳液**使用！油性肌的人我會建議先使用 2 週看看，如果還是有脫皮情形，就可以在這瓶之後再加上乳液；而痘痘肌和敏感肌的人，建議經過醫師評估後再使用。另外，如果你是本身**肌膚狀況不錯、不會長粉刺，但會暗沉的人**，不需要使用這瓶，可以試試我教的其他方式去除暗沉。

去角質 2 專業化學換膚

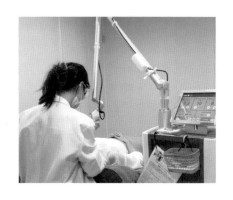

　　化學換膚我通常是推薦**杏仁酸換膚**，杏仁酸是親脂性果酸，親膚性高，算是最溫和的果酸。杏仁酸也是果酸類，因此對於清除老廢角質、幫助肌膚新陳代謝、治療發炎性青春痘、因陽光照射而導致的肌膚老化，都有很好的效果。另外，杏仁酸可以阻斷黑色素生成、預防跟淡化斑點的生成，所以臉上有斑點困擾的人，用杏仁酸搭配雷射的效果會很好。

　　醫美診所的杏仁酸濃度通常分為 10%、20%、30%，第一次會先從 10% 開始。杏仁酸刷在臉上會有一種涼涼的感覺，滿舒服的，通常杏仁酸療程還會包含清粉刺和換膚後的修護面膜，整個療程做完之後臉上的暗沉會明顯的改善。一般醫美診所的杏仁酸療程價差滿大的，從 1 次 NT$590 元 ~NT$2500 元都有，差異在於使用杏仁酸的廠牌，以及術後修護產品的等級。

④ 黑色素沉澱

黑色素沈澱就是我們俗稱的長斑啦！造成黑色素沉澱的原因分成 2 種：一是黑色素形成增加；二是黑色素代謝變慢，影響這 2 種原因最重要的關鍵就是**紫外線！**下一篇**防曬篇**會提到，紫外線 UVB 會使角質層增厚讓肌膚暗沉；UVA 會穿入真皮層，活化酪胺酸酶使黑色素生成，如果平日都有做好防曬，那對抗黑色素就成功了一半。另外，新陳代謝不佳、生活習慣不佳、保養方法錯誤等，都可能導致黑色素沉澱。

自救的方式就是：**防曬第一、局部美白、定期雷射。**防曬的方式和產品，可以參考 **Ch.10 防曬篇**；斑的解決方式可以參考 **Ch.11 美白篇**喔！

⑤ 肌膚缺水

肌膚在缺水的情況下，表皮角質排列會不平整、真皮因為缺水而塌陷，這時候肌膚的紋理看起來很明顯，皮膚會有鬆弛感，看起來就會暗沉、沒光澤，這也就是皮膚乾的人比較容易長皺紋的原因。

自救 保濕要做對！

只要保濕做得好 (保濕的方式和產品，可以參考 **Ch.12 保濕篇**)、肌膚的水分充足、角質層排列整齊、角質層的代謝功能好、真皮層的保水度增加，**肌膚就會水潤透亮！**這就是為什麼剛敷完面膜整個人會看起來很水潤的緣故！如果想要一整天都維持像剛敷完面膜的光澤感，那好好的在保濕方面下功夫、不要偷懶省略保濕的步驟就很重要了。

⑥ 血中含氧量低、循環不良

這樣的皮膚暗沉其實跟黑色素無關，而是因為血中含氧量過低，皮膚的含氧量低，看起來就會暗沉蠟黃，所以有定期在運動的人氣色看起來會比較好，就是這個原因。血中含氧量過低或血液循環不好，跟很多因素有關，例如熬夜、抽菸、營養不均衡等。

均衡營養、適當運動

喔～這點真的有困難，因為現代人真的太忙，就算連我也會偶爾想放縱一下吃個垃圾食物，或是偷懶一下不要運動！適時的放鬆休息是很重要沒錯，不過如果一直都讓自己很放縱，那就會一發不可收拾了，我都只讓自己放縱個 1、2 天，就趕快再上緊發條繼續努力，例如今天上班真的好累，那我就可以休息 2 天，稍微喝個手搖飲料或是吃鹹酥雞，但 2 天過後就一定要再開始回復運動和拒絕吃垃圾食物！我通常 1 個禮拜允許自己放縱 2 天，總是要周休二日嘛，哈哈！

總結以上 6 個問題，解決暗沈記得要持之以恆！肌膚是 28 天才代謝 1 次，所以不要想說怎麼用了 1 個禮拜的產品肌膚還是很暗沈啊？就整個放棄擺爛，那就永遠都等不到光采動人的一天囉！只有持之以恆、不放棄，肌膚才會明亮有光澤，上面說的這些對抗暗沈的基礎保養，我是一年 365 天大概有 **360 天絕對會做到**！所以要變美，真的不能太懶啊！(剩下 5 天沒做到大概就是過年吧，哈哈)

QA Dr.丸美醫 有問必答 **Q1** 天天去角質就可以改善暗沈嗎？

A 適當的去角質的確可以幫助清除老廢角質，讓肌膚看起來更亮澤。請記得是「**適當**」去角質，**適當**兩個字很重要！不過，如果是使用物理性保養品去角質，例如磨砂膏、去角質凝膠的話，不建議天天都使用喔，否則皮膚會因為過度摩擦而受傷，正確的去角質大約 2~4 週去 1 次就夠了。

另外，如果是使用**酸類**去角質產品，記得要加強保濕和防曬。如果使用這些產品的時候皮膚有泛紅、覺得刺痛不舒服，就要立刻停用！我有遇過患者以為這種灼熱刺痛感是黑色素正在瓦解，還持續使用了 1 個多禮拜，結果來看診的時候那塊長斑的地方不但沒有改善，反而整個紅腫脫皮，過了 2 個禮拜之後就開始黑色素沈澱了！整張臉都黑黑紅紅的，比原來的肌膚更糟。♛

我是超級防曬控

Chapter 10

It's Your Daily Sun Protection Guide.
The best sunscreen is the one you will use everyday.

👑Queen 防曬比美白重要 100 倍!!!

防曬的事情問我這個**防曬控**就對了!

想要維持肌膚年輕、避免提前老化,就是要**防曬,防曬,防曬**!!!((因為很重要,所以說 3 次!))

我的膚質狀況還不錯,這應該都要歸功於我媽媽從小就非常注重防曬 (以下會稱我媽媽為 Maggie 姊,她非常不喜歡人家叫她 " 王媽媽 ",哈哈~),可能因為她那個年代比較沒有防曬觀念,因此皮膚比較黑也比較粗糙,這一直是 Maggie 姊心頭的遺憾,所以從小就很注重我們幾個小孩子的防曬。

從我有印象開始,記得 Maggie 姊平常都沒有特別在保養或化妝,Maggie 姊化妝台上第一瓶化妝水還是我大學時期買給她的,但她唯一很注重的就是防曬!

小時候出門,我和弟弟不管太陽有多大,一定是穿棉質的薄長袖和長褲,外加戴一頂帽子,Maggie 姊還會命令爸爸不管走到哪裡都要用傘面超大的「**500 百萬大傘**」幫我們一家人遮陽。

Maggie 姊也禁止我們在正午太陽正大的時候到戶外去玩,戶外活動的時間最早是下午 3 點半開始,而手錶上的分針要指到 6,我們才可以踏出 500 百萬大傘的保護罩,去草地或游泳池玩。

小時候我們很常去海邊或是溪邊玩水，這時候長袖長褲就勢必要脫掉了，但Maggie姊會幫我們**擦上超級厚的一層、可以防水**的防曬油。

沒錯！是**防曬油**！所以很不透氣、滿黏膩的，我都還記得防曬油有一種很像塑膠的味道，而且Maggie姊幫我們抹的非常厚，擦完之後我們家的小孩整個人都會變得好像掉進油漆桶一樣，哈哈，不過小朋友嘛！有得玩就會忘記不舒服了。

現在就連我兒子要出門，Maggie姊都非常注意他有沒有曬到太陽？除了一定要穿薄長褲之外，嬰兒車上還會再蓋一層大條的紗布巾（這樣會很熱，嬰兒車座椅上要記得放冰袋）。如果有時候不小心讓我兒子曬到太陽回家臉紅紅的，我就會被Maggie姊唸一頓。

噢！我還有一個小妹妹，不過因為妹妹天生反骨都沒在理Maggie姊的叮嚀，擦防曬她會很不開心，所以妹妹就比較黑一些，是我們家沒防曬的對照組，哈！～

那麼到底幾歲開始擦防曬比較好？我認為**「從出生就要開始防曬！」**特別是嬰幼兒肌膚非常嫩，不要覺得小朋友臉頰曬得紅紅的好可愛，如果沒有幫他們防曬，肌膚是非常容易受傷的。

小於1歲的小小孩，我建議是用**「物理性」**的防曬方式，畢竟防曬乳裡多少含有一些化學成分，對小小孩的皮膚可能會造成過度刺激。

小小孩的物理性的防曬方式包括：外出時幫他們**撐傘**，或在推車上面罩一層非常薄的**紗布巾**，這樣既可以防曬也能透氣。不過我是建議小小孩還是盡量不要在太陽太大的時候外出，我有時候看到下午3、4點太陽還很烈的時候，爺爺奶奶們推小孫子出來散步曬太陽，都很想衝過去幫小朋友撐傘。我通常是過4點半後才會帶小孩去公園玩，如果是春夏太陽比較晚下山，我和兒子的出門時間就會再往後延一點。

大於 1 歲的小朋友因為開始會走路到處跑了，媽媽們不可能一直幫他們撐傘，這時候就可以幫他們擦防曬乳了。防曬乳的選擇盡量以成分單純的為主，媽媽們可以參考美國一個環保團體 EWG（Environmental Working Group）的**美容用品毒性評比網站 http://www.ewg.org/skindeep/**。

EWG 對每個有分析研究過的美妝產品以及成分都打一個毒性分數 0~10 分，分數越高越毒。0~2 分代表安全是綠色，3~6 是代表要稍微注意是黃色，7~10 分是最不安全的產品會用紅色的標示。

一般而言，小朋友的防曬乳盡量以物理性成分為主，例如 **Zinc Oxide** 或 **Titanium Dioxide**。因為物理性防曬成分不會被皮膚吸收，對小朋友來說相對安全。

● 安全：0 ~ 2 —→
● 注意：3 ~ 6
● 危險：7 ~ 10

我幫兒子選擇的是 **think baby 無毒物理性防曬霜 SPF50**（網路或藥妝店就買得到，大約 NT$400~500 元），它的毒性分數是 1 分，是最安全的防曬乳之一。

但我不是每天幫兒子擦，通常是帶兒子出遊，例如去農場或戶外踏青的時候才會幫他擦防曬乳，我帶兒子出遊也都是趁太陽還沒那麼大的時候才會出來活動，或是盡量選擇室內的場地讓他玩耍。

防曬的觀念大家都知道，但是真正能做到正確防曬的卻沒幾個！我們先來複習一些防曬的小知識，沒時間的人可以跳過一整段直接看做法就好。

女王の快狠準保養教室

L E S S O N 1
紫外線三兄弟

紫外線有 3 種： UVA、UVB、UVC

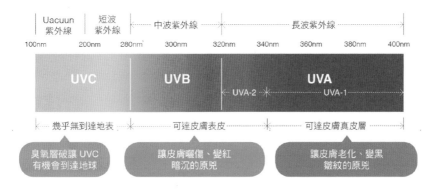

UVC 波長 100~280 nm，無法穿過臭氧層，幾乎無法到達地表，意思是這個紫外線幾乎不會對我們肌膚造成傷害。((所以臭氧層很重要！大家要好好愛地球噢 ~))

UVB 波長為 280~320nm，會到達表皮層，使皮膚曬紅曬傷。UVB 也會使表皮層增厚、暗沉，也與皮膚癌相關。

UVA 波長為 320~400nm，是 3 種紫外光中最長的，穿透力強，可透過玻璃射進室內，無法以衣物或玻璃阻擋。UVA 可以直達真皮層，增加黑色素生成，並破壞彈力纖維、膠原纖維和纖維母細胞，導致皮膚變黑、失去彈性、出現皺紋，是造成光老化的主要原凶。

但是我們晚上不會因為太陽光而曬黑，倒是可能因為鹵素燈、螢光燈所含的紫外線太強而曬黑！所以居家裝潢時真的要特別注意，有些設計師會喜歡裝鹵素燈或螢光燈來營造氣氛，其實對我們的肌膚和眼睛都不太好。

曬黑、光老化 → 看 PA (Protection Grade of UVA)

PA 是日本針對 **UVA** 的防曬指數，**PPD** 及 **IPD** 則是歐美的 UVA 防曬指數。

PPD 表示延長皮膚被 UVA 曬黑時間的倍數（**PPD10= 可以使被曬黑時間延長為原來的 10 倍**）。例如，我們在陽光下 10 分鐘會曬黑，則 PPD10 的防曬，可以延長為 100 分鐘才被曬黑（PPD10=10 分鐘 X10 倍 =100 分鐘）。

而 PA 和 PPD 的轉換大約是：PA+ 表示 PPD 數值 2~4，PA++ 表示 PPD 數值 4~8，PA+++ 表示 PPD 數值 >8，最高到 4 個 +。IPD 的標示法也一樣，也是以 1 個星星 ~4 個星星來看。

防曬三口訣一定要記得唷！

曬傷、暗沉 → 看 SPF
(Sun Protection Factor)

SPF，是針對 UVB 的防曬指數，代表延長皮膚被 UVB 曬傷時間的倍數 (SPF 30 可使被曬紅時間延長為原來的 30 倍)，例如，我們在陽光下 10 分鐘會曬紅，則 SPF 30 的防曬，可以延長為 300 分鐘才被曬紅（SPF30=10 分鐘 X30 倍 =300 分鐘)。

防曬 3 口訣

雙重保護、多層防曬、 定時補擦！

1 到底多少係數是足夠的？

這要看每個人的工作型態，越常在戶外活動的人 (例如業務性質或是體育老師)，我會建議防曬係數盡量選擇高一點的。

2 選擇同時有 SPF 和 PA 的防曬產品，
達到 UVA+UVB 雙重防護。

買防曬乳的時候，SPF 和 PPD(或 PA) 都要一起看，通常防護力好不好和我們擦的量有關，如果量擦得夠，一般上班族大約用 **SPF30、 PA+++、4 個小時補 1 次**就足夠了。

3 超專業「防曬戰備裝」！

要徹底防曬，除了防曬乳之外，可以抗 UV 的**陽傘、超大墨鏡** (沒有特定款式，可以抗 UV 的就可以了)、連接到脖子的**阿嬤式口罩**和**袖套** (我個人是不管冬夏，外出時只要有太陽都會穿著)，絕對是必備的！

我的外出**「防曬戰備裝」**穿戴法是這樣的：防曬乳→ Chanel 隔離霜→大片阿嬤口罩 (從鼻子到脖子)→袖套 (開車必戴)→墨鏡→陽傘。我出門就算開車也會戴口罩、墨鏡，不要忘記，UVA 是很可怕、穿透力很強大的！！

我所有防曬用的口罩、遮陽帽、袖套和布料全都是有做防曬檢測報告，是真的有防曬功能，不是用心酸的。

其實這些抗曬產品一開始還是 Maggie 姊告訴我的（真不愧是防曬大師啊～～），用了之後覺得超棒！立馬叫我的姊妹們都去買，每天出門都要給我戴著！我都是買涼感材質口罩跟袖套，在高雄這種天氣下戴起來也很透氣，我週末下午陪兒子出門跑跳活動也都沒問題，不會有快要窒息的感覺。

4 **層疊法擦防曬。**

要達到防曬效果，防曬乳標準的使用量是 2mg/cm2(每平方公分體表面積塗 2 毫克，2 毫克約是米粒大小)。

不過應該沒有人會這樣擦防曬，因為一定會變藝伎！我自己會選擇**有防曬係數的彩妝、再加上隔離霜、防曬乳**，用多層重疊的方法來達到防曬的功效。現在大多數的底妝品都會有防曬的功效，但因為像前面說的，我們不可能把底妝擦得很厚像戴面具一樣，所以就算粉餅或是蜜粉有防曬功效，還是一定要先擦防曬乳喔！

5 **定時補擦。**

就算是防曬係數 SPF50/PA++++ 的產品，防護力仍然會隨著時間、汗水慢慢減少，定時補擦相當重要，尤其是在戶外、海邊，就算是產品防水，也要 2 個小時補擦 1 次。前面提到就算在室內也是會曬黑，**一般上班族大概 3~4 小時應該補擦 1 次。**

6 二種版本都買。

我在購買防曬產品的時候，通常會**無潤色版**和**有潤色版**的 2 種都買，無潤色的拿來擦臉，有潤色的拿來擦脖子，這樣臉和脖子的顏色才不會差太多。

荷麗美加
上麗高效 DD 潤澤水防曬凝膠（潤色）
上麗高效透明光感水防曬（無潤色）
SPF50+/ PA++++/ ★★★★

 60ml NT$980 元

醫美診所或網路都有賣。

第一層的防曬我就選擇 SFP50 的荷麗美加防曬乳來做加強。我是混合性肌膚，在鼻頭和下巴容易脫皮，如果選擇沒有保濕效果的防曬乳，上完蜜粉之後脫皮、浮粉和脫妝會很明顯。而這瓶添加**紅藻萃取物／羅馬洋甘菊**，保濕和舒緩功能很好，做完醫美療程後可以直接使用，很方便。

另外，雖然防曬係數高，但它的質地擦起來非常清爽，很好推開，擦完之後整張臉膚色會很均勻、不易結塊。

CHANEL 香奈兒
珍珠光感淨白防曬隔離凝露
SPF50+/ PA++++

 30ml NT$2100 元

百貨專櫃和網路有賣。

我每次擠大約 10 元硬幣大小，全臉加脖子均勻的擦上。使用方式是擦完荷麗美加之後再以這瓶做為第二層，除了加強對紫外線的防護，皮膚的透亮度也會提升，也有很好的提亮膚色和修飾毛孔的效果喔，非常喜歡這瓶！

QA Dr.丸美醫 有問必答

Q1 萬一沒做好防曬，曬傷或曬黑了該如何急救或修護？

A 適如果真的在太陽下曝曬太久，可以回家後使用蘆薈膠、溫泉水噴霧、小黃瓜噴霧、凍膜等這類修護舒緩的產品，來幫助曬傷的皮膚修護，或預防曬傷後的色素沉澱。這些產品可以在出遊之前先冰在冰箱裡，回家之後馬上從冰箱拿出來敷上，會覺得很舒服喔！

曬黑的話，回家後不可以用檸檬片、檸檬汁洗臉或洗澡!!!! 皮膚會因為檸檬汁刺激性太大而受傷，完全沒有白回來的功用！真的曬黑了就是參考 **Ch.11 美白篇**，使用一些美白或淡斑的產品，讓身體的黑色素慢慢代謝掉，恢復本來白皙的膚色。

噴霧可以使用**理膚寶水的溫泉噴霧**，前面有介紹過囉！凍膜的部分可以使用**皙斯凱的洋甘菊**來鎮靜舒緩。

Q2 不化妝和化濃妝的人該如何選防曬品？

A 化不化妝的人，用哪種防曬都可以。只是有化妝一定要先等防曬乳吸收完全了，之後才能再進行遮瑕或下一步的底妝步驟 (例如粉底液等)，才不會防曬乳和底妝產品混在一起，會有起屑或塗抹不均的情形發生，臉上會很明顯看到底妝的痕跡。

> 吃東西也不忘防曬！~

Q3 有專門適合痘痘肌或敏感肌的防曬產品嗎？這類肌膚使用上該注意什麼？

A 痘痘肌和油性肌的防曬更重要！由於紫外線容易使臉上毛孔粗大、容易出油，因此出門擦個防曬乳，對油性肌是非常重要的！

油性肌和痘痘肌可以選擇潤色、凝膠式的防曬，因為潤色的防曬中多含有粉體，比較有控油的效果；凝膠式的防曬也比較清爽、不易出油。我推薦潤色、凝膠式的防曬，還是這支：**荷麗美加的上麗高效 DD 潤澤水防曬**，醫美診所或網路都有賣。

另外，敏感肌有時候會因為防曬乳中的化學成分而產生過敏反應，但如果只選擇物理性成分的防曬乳，又會覺得太厚重、不舒服，而有時標榜敏感肌專用的防曬乳，還是滿多敏感性肌膚用了之後會過敏紅腫。因此，我建議敏感肌在選擇防曬乳的時候，可以先將防曬乳擦在脖子試用看看，確定沒問題後再擦在臉上比較保險喔！ꟷ

CHAPTER 11

快狠準 '

女王的
WHITENING

美白術

美白療程之後一定要做好保濕、防曬，不然小心會反黑！

　　我們東方人真的最在意美白了！來診所的女生，**10 個有 9.5 個都想要變白**！最好是打一針就能白個 3 階！

　　要美白，第一個條件就是先做好**防曬**，防曬做好了，才有資格來談美白！沒有好好防曬，妳猛擦美白霜或狂打美白針都沒用！如果是直接**翻**到美白這個章節的人，前面的 **Ch.10 防曬篇**先去認真讀一讀啦！～

　　一般而言，美白淡斑產品會是複方成分，臉上的黑色素生成循環會同時存在不同的步驟，例如同時有**正在移動**到表皮的黑色素、**已經形成**的黑色素，或是正在由**酪胺酸酶啟動**的黑色素，因此美白淡斑產品要針對各個不同階段的黑色素下去做抑制和阻斷，才會有明顯的美白效果，不是靠單一成分就會有明顯差異的。

01 Queen's Class
── 女王の快狠準保養教室 ──

● 美白淡斑 6 途徑

1 隔離──全面性的隔離紫外線，就是**防曬、防曬、防曬**！

2 抑制──抑制酪胺酸酶的生成，或是使酪胺酸酶的活性降低，可抑制的重要成分有：**熊果素、麴酸**等。

3 阻斷──讓黑色素無法從黑色素細胞**轉移**到角質層，重要的阻斷成分是：菸鹼酸 (維生素 B3)。

④ 還原——讓有活性的黑色素(氧化態),
回復到無活性的黑色素(還原
態),重要的還原成分是:**維生
素 C**。

⑤ 代謝——增加角質細胞更新代謝的速
度,也就是**去角質**囉!重要的
代謝成分有 **A 酸、A 醇、水楊
酸、果酸**。

我會建議用酸類的方式來加強角質代謝,
盡量避免用物理性的方法(例如有顆粒的磨砂
膏)去角質喔!不然臉部肌膚很嫩,皮膚會受
傷的。另外,因為新生皮膚比較脆弱,擦完酸
類之後要記得做好**保濕、防曬**,只有互相配合,
才會有最好的效果。(去角質的相關介紹,請看 **Ch.9 暗沉篇**和 **Ch.15 果酸篇**)

⑥ 破壞——針對已經形成的黑色素,我們以雷射的方式直接破壞;對於已
經生成的斑點,我覺得雷射算是最有效、最快速的方法了,但
是也不能太過於密集施打雷射,肌膚是會受傷的喔!

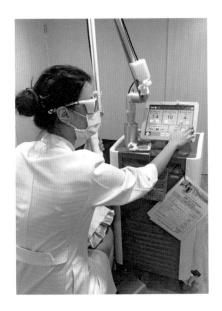

每個人適合的雷射種類、療程間隔和
需要的次數都要讓醫師判斷,黑色素是需
要時間慢慢代謝的,並不是打一次就會完
全不見的!另外,雷射後的肌膚照顧也很
重要,如果**防曬、保濕**沒做好,還是有反
黑的可能。

通常美白淡斑是打**淨膚雷射**或**皮秒雷
射**,它會有一種刺刺的感覺,但不是一般
人無法忍受的痛感。醫美的雷射療程價差
滿大的,從一次幾百元到上萬元都有,差
別在於使用雷射機器廠牌不同,以及術後
修護產品的等級。

事實上，黑色素生成是受到很多因素影響的，所以選擇美白產品最好是含有多種成分、可以一次針對美白的不同途徑去作用，才能發揮最好的效果。

女王愛用 淡斑 好物

1 DMS 傳奇淨白精華液

這瓶是我天天在擦的美白精華液，我雖然不容易長斑點，但還是必須預防黑色素，它的成分傳明酸主要是抗發炎和抑制酪胺酸酶的活性，來達到預防斑點的效果，相對於其他酸類是刺激性較低的。

DMS 的特色就是以微脂囊包附精華液成分讓產品好吸收，我會用滴管按壓 2 次擦全臉，容易色素沈澱的地方會特別加強。

2 蘭蔻激光煥白淨斑精華

這瓶一直都是蘭蔻的**熱銷保養品**，添加了 **2 倍藥用 Vit CG**(維他命 C 葡萄糖苷) 和鞣花酸的成分。Vit CG 是相當穩定的美白成分，且 pH 值為中性，非常溫和不刺激！ VitCG 被肌膚吸收後會分解為純維他命 C，發揮抗氧化以及還原黑色素的美白效果；而鞣花酸是一種多酚類，抗氧化效果很好，能夠抑制黑色素生成過程中的氧化步驟，還可以降低酪胺酸胂的活性，阻斷黑色素生成。

這瓶淡斑精華是乳狀質地，我會早晚使用，擠大約 5 元硬幣大小，從容易長斑的顴骨、兩頰開始擦，剩餘的量帶到全臉。

Queen's Class
― 女王の快狠準保養教室 ―

● 黑色素沈澱怎麼救？

　　我不是那種容易長斑的體質，但是**我非常容易黑色素沉澱**，不管是被蚊子咬或是稍微受傷，好了之後都會有一塊塊黑黑的在身上，很醜！以前我都會塗抹除疤凝膠，可是真的沒什麼效果，我又常常會忘記擦，所以手腳還是經常這邊黑一塊、那邊黑一塊的，接觸醫美之後，我真心覺得針對已經形成的黑色素，**雷射是非常好的選擇！**

　　很多女孩夏天的時候因為會露腿、露背，背上的痘疤和腳上的紅豆冰真是嚇死人！我都會建議她們用雷射解決這些小問題，至於雷射的次數是由醫師依照疤痕在不同部位、大小、顏色來判斷的。

　　而且，就算是**黑肉底**的人也可以打美白雷射喔，無論是白肉底或黑肉底都應該是追求膚質細緻亮澤，雷射可以幫助解決肌膚暗沉、斑點和膚色不均的問題，但是**絕對沒有辦法幫妳從黑肉底變成白肉底的！**

　　像我自己黑色素沈澱都是打皮秒雷射，我是等傷口已經退紅了、變成灰灰暗暗的（通常需要 1 個月）才會施打。一般腳、手被蚊子叮咬或是背部痘痘的痕跡，我大概都是打個 2~3 次就會淡非常多了！但如果是因為荷爾蒙改變而產生的黑色素沉澱（俗稱**肝斑**），我會建議**雷射＋杏仁酸**或**傳明酸**保養的方式來改善。實際打的雷射機種和次數，還是以現場跟醫師諮詢為準，對付這類黑色素就是要有耐心，必須多次療程配合居家完善保養，才會漸漸看得到效果。如果不考慮施打雷射的話，可以加強黑色素沈澱部位的保濕，皮膚的水分比較足夠的情況，黑色素的代謝也會比較快！♕

i'm 濕敷教主

90% 的肌膚問題都跟 缺水 有關！

只有補水而沒有鎖水，保濕只做對了一半！

保濕、防曬！保濕、防曬！是肌膚變美的 2 大關鍵！

雖然講得很簡單，大家也都朗朗上口，但我每次在細問之下都會發現，大部分人的保濕觀念還是錯誤的！尤其在看診的時候，最常遇到肌膚乾燥的患者說：「我都有保濕啊！可是皮膚還是很乾。」、「我都擦很多乳液耶，都沒效！為什麼會這樣？」，甚至還有人問：「醫師，油性肌要不要保濕啊？」……這些都是因為保養觀念不正確，以至於保濕沒做對，因為**差一個步驟就差很多**！

當我們皮膚含水量減少時，皮膚的彈力就會降低；同時，由於表皮粗糙不細緻、皮脂膜不完整，就會讓皮膚顯得沒光澤，看起來膚色很暗沈，嚴重影響皮膚質感，雖然根本沒曬黑，但膚色給人的感覺就是黃黃的、黑黑的、髒髒的、精神很差，看起來不平滑，而且顯得很粗糙、有顆粒感。

保濕有一個很重要的口訣：**「補水鎖水，缺一不可！」**保濕要做好，除了水分的補充之外，更重要的是**維持皮脂膜的完整！**

皮脂膜完不完整，對我們非常重要，它就像是我們肌膚的防護罩，防止水分散失和抵抗外來物質的侵害，但常常因為各種因素使皮脂膜受到破壞，**「鎖水」**則可以幫助恢復皮脂膜的完整性和功能。

鎖水為什麼重要？我在門診時常遇到患者問：「王醫師，我每天都有敷臉啊，為什麼還是一直脫皮？」

相信一定很多人有這類困擾，那就是因為缺少了**「鎖水」**的步驟啊！！面膜補進肌膚水分，只是做到**補水**而已，如果沒有經過**鎖水**的步驟，還是一下子就會蒸發掉了呀！難怪不管敷多少面膜，肌膚始終還是覺得乾燥緊繃。**鎖水真的是非常關鍵、偏偏也是最容易被忽略的重要步驟。**

01 Queen's Class
— 女王の快狠準保養教室 —

● 皮脂膜為什麼能決定膚質好壞？

簡單來說，皮膚可以由外而內分成表皮、真皮及皮下組織這 3 層。表皮層的最外層是角質層，在角質層外、皮膚最外層會有一層薄薄的油脂稱為「皮脂膜」，是由皮脂腺分泌出來的油脂和角質細胞中的脂質溶合而成，有屏障外界異物入侵和防止水分散失的功能。

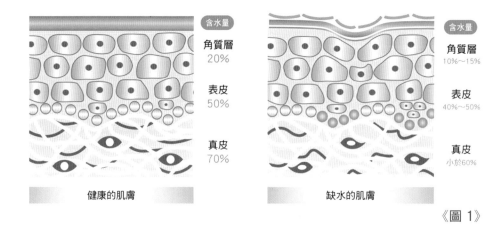

《圖 1》

皮膚的含水量，由外而內漸增，最底下的真皮層的含水量和人體一樣，約占 70%，到表皮層約為 50%，最外層的角質層則是 20%，而影響我們皮膚好壞最重要的原因是：**角質層含水量的增減！**通常角質層的含水量低於 20% 時，皮膚就會出現乾燥、暗沉、膚色不均的現象，若是再降更低，就可能會發生脫皮、乾裂的問題了。

皮膚缺水跟膚質好壞之間的關係，打個簡單的比方來說，就像乾掉的衛生紙會顯得皺巴巴的，但是當我們把它再沾濕重新充滿水分，衛生紙就會回復平順。我們的皮膚也一樣，含水量夠的話就會顯得光滑，一旦皮膚變乾，就會出現不平滑的紋路和暗沉，膚質會大打折扣。

所以有沒有發現敷完面膜之後會感覺皮膚好很多？暗沉乾燥的情況也改善很多，亮澤度立刻提升！這就是角質層吸飽了水、排列整齊，因此膚質看起來很棒，也就是圖1左邊的肌膚。

但是水分散失也相當快，所以敷完面膜的亮澤感是不是都只能持續一下子？可能沒幾小時或睡一覺起來就又恢復原本的樣子了！那我們怎麼做到**長效的保濕**呢？這就要靠**皮脂膜和細胞間質**了！

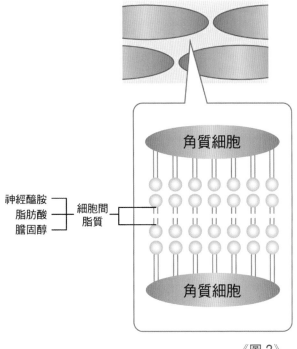

角質細胞

神經醯胺
脂肪酸   細胞間
膽固醇   脂質

角質細胞

《圖2》

前面講過，**皮脂膜**是由皮脂腺分泌出來的油脂和皮膚角質細胞中的脂質溶合而成的，我喜歡把它比喻為**皮膚的保鮮膜**，一個健康完整的皮脂膜，有抵抗外界刺激物入侵 (例如紫外線、空氣汙染)，和防止肌膚內水分散失的功能。

而所謂**細胞間質**，讓我們看圖2，它是在表皮層角質細胞之間的成分，包含我們常聽到的神經醯胺、脂肪酸等，這些油脂成分也會在角質細胞間形成鎖水膜，防止水分散失。打個比方，如果我們的肌膚**真皮層**是一個蓄水庫，而表皮層的**角質細胞**就是水壩的磚頭，**細胞間質**就像是把磚頭的縫隙填起來的水泥，要有這些磚頭加水泥做為攔截和保護，肌膚裡的水分才不會跑掉。

02 Queen's Class
― 女王の快狠準保養教室 ―

● 補水 + 鎖水，才是完整保濕！

但是，保濕不是補水就好了嗎？為什麼還要鎖水咧？」補水就像幫皮膚灌溉，而鎖水就是幫吸飽水的皮膚蓋上一層保護膜，防止補進去的水分散失。如果只補水而沒有鎖水，補進去的水分還是會一直流失，所以一定要補水 + 鎖水都做到，才是完整保濕，**少了鎖水就差很多**，皮膚還是會又乾又暗沉！

我喜歡把皮膚比喻成一塊海綿，乾燥的皮膚就像一塊乾掉的海綿，乾乾癟癟的，會出現下面幾個問題：

 缺水肌問題 1

外油內乾

毛孔粗大又出油、皮膚細紋很明顯，看起來膚質粗糙不細緻，就像乾海綿上的洞洞和紋理會很明顯。

缺水肌問題 2

保養品不好吸收

保養品擦在乾乾癟癟的皮膚上，也只是抹到表面而已，無法完全吸收，買再貴的保養品效果也有限！

 缺水肌問題 3

容易卡粉、髒髒的

想藉由化妝遮蓋皮膚上的瑕疵，但因為太乾了，細紋毛孔反而因為上妝而表露無遺！還容易卡粉脫妝，底妝和彩妝融合在一起，看起來更髒、氣色更差。

 飽水肌好處 1

皮膚上的洞洞和紋理會變小

毛孔不會粗大出油，肌膚看起來很光澤細緻。

飽水肌好處 2

飽含水分的肌膚吸收力強

塗抹保養品不會浪費，通通把精華都吸收到皮膚底層，肌膚水潤光華。

 飽水肌好處 3

上妝很服貼

這種肌膚狀態是最棒的！不需要厚重的粉，只要稍微潤飾膚色、一些重點彩妝就很美。

i'm 濕敷教主：90％的肌膚問題都跟缺水有關！

120

6 種膚質，補水、鎖水重點不一樣！

補水和鎖水這兩個要素一定是互相搭配，視不同的膚質來選擇需要的比例，油性膚質就選擇**含水及吸水成分多一點、鎖水成分低一點的**；而乾性膚質則要選擇**鎖水成分比例高一些**的保養品；痘痘肌的人和油性肌一樣，也是多補水；中性膚質的人，平常也是多**補水**就可以了，但秋冬或天氣特別乾冷的時候，要視情況加入鎖水產品。

至於敏感肌的人，膚質通常因為肌膚的皮脂膜不完整、角質排列混亂，才會容易受到外界刺激而敏感泛紅或搔癢，而皮脂膜不完整所以肌膚內的水分很容易流失，因此除了加強補水之外，**鎖水（皮脂膜＋角質層的修復）**，是很重要的！

另外像我這種混合性膚質的人，就視季節和膚質狀況來選擇產品，例如冬天會加強敷臉之外，還會選擇**鎖水性高的產品（神經醯胺）**，春天和夏天就單純敷面膜，或用**玻尿酸**產品再加上一層**鎖水乳液**做保濕。鎖水，就是在補水之後幫助我們把補進去的水分鎖在肌膚裡，常見的成分就是神經醯胺、角鯊烯、荷荷巴油等等。不過鎖水的成分通常比較油，很多人不喜歡擦。我最怕聽到乾燥肌的患者跟我說：「王醫師，我都擦清爽型的保濕品。」既然是乾燥肌膚，就代表我們的皮脂腺分泌比較少、肌膚表面的皮脂膜很容易不完整，水分更容易流失。這種情況如果還只單用清爽（也就是油脂含量少）的產品，當然保濕的力就不夠，肌膚也更容易乾癢脫皮！其實不必怕太油，只要選擇好吸收的鎖水產品，就一點都不會讓肌膚覺得悶，皮膚反而會很細緻喔！

〰〰〰 **我的日常保養順序** 〰〰〰

Step 1 化妝水／使皮膚表層濕潤，之後的精華液才好吸收。

Step 2 敷面膜或玻尿酸精華液／補水。

Step 3 神經醯胺／鎖水，這步驟通常是秋冬或天氣很乾冷才加。

Step 4 乳液／乳液中含有油性肌膚修護成分，除非是特別乾的肌膚，不然一般來說在春夏就已經足夠鎖水了。

03 Queen's Class
― 女王の快狠準保養教室 ―

● 補水 + 鎖水,這樣做才聰明!

① 補水

補水的重要成分有:**玻尿酸、維他命 B5、天然保濕因子 (NMF)、r-PGA** 等。這些補水成分,多為比較清爽的液狀、凝露或精華液型態。其中大家最熟悉的就是玻尿酸 (Hyaluronic Acid),1 公克的玻尿酸可以吸收 500cc 的水分,相當於 500 倍的吸水能力,是大家最愛用的。另外,最近新興起的「rPGA」,是一種植物性膠原蛋白,它的吸水能力是玻尿酸的 10 倍!也是最近保養品中很夯的補水成分。

其實「**敷面膜**」就是我們最常見的補水方式,如果沒時間敷面膜,也可以使用一些我推薦的產品,有些產品在「**乾性肌**」也有介紹喔。

1 杜克 C 保濕 B5 凝膠

有看前面 5 大肌膚篇的讀者都知道,這瓶的保濕效果超好,所以我很推薦,不管是乾性肌、敏感肌或油性肌,想保濕都很適合!

有在跑醫美診所的人對這瓶也一定很熟悉,它已經紅超級久,網路上也滿多文章分享。它除了玻尿酸之外,另外含有維他命 B5,可以提高皮膚含水量,是杜克的萬年熱銷商品,擦起來的感覺滿水潤的,我大約 1 次是擠 1 cc 的量按摩全臉讓它慢慢吸收。

2 DMS 德妍思 玻尿酸精華液

它的產品特點是用微脂囊包覆精華液，非常好穿透肌膚，也很清爽，擦到臉上很快就吸收了。這瓶我會和面膜交替使用，如果當天沒時間敷臉，我就會用這瓶精華液作為補水的步驟，早晚各 1 次，每次大約用 1~2cc 的量擦在全臉 + 脖子按摩吸收。如果覺得皮膚最近水分不足、比較乾，或是夏天去戶外活動回來，我就會增加使用的量，大約 2~3 滴管左右。

不過如果肌膚長期乾燥缺水，或是外油內乾的類型，我會建議這瓶直接加入日常保養品中長期使用！因為這類肌膚很需要提高含水量，讓肌膚可以油水平衡，肌膚的底層水分充足之後，皮膚才會水嫩。

 哪裡買

DMS 德妍思 玻尿酸精華液

 20ml NT$1680 元

醫美診所、網路都有賣。

前面有說過，我常遇到剛從國外回來或是坐長途飛機的人，會覺得肌膚狀況很不穩定，我會建議他們先使用這瓶 1 個月，配合保濕面膜，這樣在國外長期乾燥造成的外油內乾、皮膚乾癢等，都可以恢復得很好！

3 Dr. PGA 保濕面膜

r-PGA 是比玻尿酸多 10 倍補水能力的保濕成分，它還可以增加皮膚內的天然保濕因子，是最近很夯的保濕成分，我自己是使用 dr.PGA 面膜。這片面膜敷完之後皮膚會吸飽水很有光澤感，彈性和水潤度都會提升噢！因為吸飽了水分，會改善臉上因缺水而皮膚紋理明顯、膚質看起來很粗糙的感覺，皮膚的紋路也會變得平整，摸起來會很緊實有彈性。

這片面膜是用天絲棉面膜布做的，所以很薄、很服貼，而且精華液超級多，我大概敷 15~20 分鐘，有時間的話會配合家裡的導入儀使用，來加強保濕成分吸收，敷完剩下的我會擦在脖子和小腿上，順便做按摩。

 哪裡買

Dr. PGA 保濕面膜

 1 盒 10 片 NT$1200 元

醫美診所、網路都有賣。

速效水膜針

常常有些人會覺得明明自己擦了很多保養品、或是很勤於敷面膜,但是皮膚還是很乾燥,情形一直無法改善,為什麼會這樣?

這種狀況通常是因為**肌膚缺水缺得很嚴重**,保養品很難深入到真皮層中,雖然外面角質層做了很多保濕程序,但是因為最底層的真皮層還是處於缺水狀態,所以會一直覺得皮膚很乾!通常跟年齡、荷爾蒙改變、選錯保養品、長期在很乾燥的環境之下等原因有關。

一般來說最快能速補水的方式就是**敷面膜**,敷完面膜再加上鎖水的步驟,效果就可以維持比較久,不過在嚴重缺水的肌膚上敷面膜,就算每天都敷,也要好一陣子才能達到補水的效果,如果偶爾想偷懶又沒時間的話,肌膚就一直無法改善,這時候可以考慮醫美更快速、直接補水的療程:**速效水膜針**。

速效水膜針這個療程是選用最小分子的玻尿酸,直接打入真皮層中達到快速補水、保濕的效果,水膜針大約需要 3~7 天的術後修復期,復原期間臉上會有小紅點或一點點小瘀青,妝都可以蓋得掉,術後只要避開美白等刺激性的保養品約 1 周就可以了,照顧很方便。做完之後皮膚會馬上覺得很亮澤!小細紋和粗大毛孔都會馬上改善。

我會把這個**水膜針**和**水光槍**互相搭配使用,特別是針對女生眼周的小細紋和臉頰的毛孔效果很好,要做之前可以詢問醫師看看自己的狀況適不適合?以及建議的療程次數?至於需不需要長期去做,完全看你肌膚狀況而定。每次價位視各家使用內容物和玻尿酸廠牌等級的不同,約 NT$1 萬~2 萬 5 千元之間。

② 鎖水

我再強調一次，補水就像幫皮膚灌溉，而鎖水就像是幫吸飽水的皮膚蓋上一層保護膜，防止我們補進去的水分散失。如果只補水而沒有鎖水，補進去的水分還是會一直流失。所以，**一定要補水＋鎖水都做到，才是完整保濕！**

在夏季比較炎熱時肌膚容易出油，鎖水產品可以暫時先擺到一邊，一換季或是入秋後，鎖水就很重要了！尤其經過一整個夏天陽光的曝曬，我們的皮脂膜會變得很不完整，水分也容易從肌膚底層流失，這時候鎖水就顯得格外重要。

鎖水的重要成分有：**神經醯胺、角鯊烯、荷荷芭油**。除了日常水分的補充，我建議可以使用含神經醯胺或是角鯊烯的鎖水產品，讓皮膚的保濕度增加。

神經醯胺本身就存在我們角質細胞間質中，但因為年紀漸增、日曬、過度清潔、用了刺激性產品、長期使用類固醇等因素，而導致皮膚屏障受損、角質層的細胞間質流失，神經醯胺也跟著流失減少。

神經醯胺可以將我們受到破壞而變得鬆散的角質重新回到正常的緊密排列，才有辦法好好保護皮膚，不讓水分輕易散失，讓角質層可以發揮保濕功能及其結構完整性，達到鎖水的效果。切記，**鎖水之前補水要先做好喔！**

1 嬌蘭 皇家蜂王乳平衡油

這瓶是我買給 Maggie 姊用的。它鎖水的功能很強，有些人會覺得比較油，但是對於比較容易乾癢過敏或皮膚變比較薄的熟齡肌就很適合！ Maggie 姊都是把這瓶加入平時的保養中，在擦上玻尿酸精華液後再擦這一瓶，目前為止 Maggie 姊的肌膚狀況很不錯，完全沒有遇到一般熟齡肌會開始有皮膚薄、容易過敏、泛紅，或其他問題！

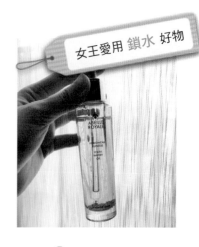

女王愛用 鎖水 好物

我自己是冬天視皮膚狀況來使用，使用前先搖一搖，讓沉澱瓶身底部的黃金微粒平均散佈於平衡油後再滴出使用，一次大約紅豆大小就好了，擦的時候會避開容易出油長粉刺的位置。

這瓶擦上去的觸感是比較絲滑，在臉部要稍微按摩一下才會吸收，整個吸收完之後臉會變得很亮澤，應該是媽媽們會喜歡的那種亮澤光感肌（就是媽媽們說的皮膚很光這樣~），通常如果擦完這瓶就不用再加其他東西了，除非是出國或是天氣特別乾冷的時候，可以在這瓶之後再多上一層自己的保養乳霜。

2 BioRenweal　皇家蜂毒精華油

我知道 **BioRenwal** 的潔顏蜜很有名，這瓶是診所同事介紹的，叫我一定要用用看。它除了主要成分神經醯胺外，還有蜂毒和 **Q10**，主打保濕鎖水和抗氧化、抗老化的功能。這瓶按壓出來有點像精華油的感覺，但是稍微按摩一下很快就吸收了，味道也很好聞，吸收完臉摸起來會很滑嫩喔！

我是偏乾性混合肌，鎖水產品最怕就是太油，不過這瓶很好吸收，臉一下子就會變得很細緻乾爽，不會像一般油性產品那樣，擦完整個滿面油光，而是水分充足的那種亮澤光感肌，**重點是前面補水的部分要做到好喔！**

不過這瓶有個小缺點，就是瓶子的設計讓按壓的時候會用噴的，把手掌稍微彎起來才不會浪費掉，1 次大約按 1~2 下可以擦到全臉，用量很省。我敷完面膜或用完玻尿酸精華液之後，會擦上這瓶蜂毒精華液，把剛剛面膜中的精華鎖在肌膚裡。

  哪裡買

嬌蘭　皇家蜂王乳平衡油 3

💰 50ml　NT$5300 元

🛒 官網、藥妝店、百貨專櫃都有賣。

  哪裡買

BioRenweal　皇家蜂毒精華油

💰 50ml　NT$2800 元

🛒 這瓶只有醫美診所買得到喔。

● 不同膚質，「保濕」醬做才有效！

1 油性肌、痘痘肌

　　油性肌除了清潔和控油之外，補水保濕也是很重要的。油性肌本身皮脂腺分泌比較旺盛，這些自己分泌的油脂到皮膚表面自然會形成一層**鎖水膜**，所以**油性肌不用特別鎖水**，重要的是補水。我建議乳液或面霜不需要太滋潤的成分，平時多敷**保濕面膜**就可以了。

　　因為面膜是一種最直接的補水法，敷完面膜後再擦一層清爽的保濕霜，油性肌的保濕就已經做得很完整了！另外，痘痘肌也一樣，就是多補水！

2 混合肌

　　混合型肌膚 T 字部位呈油性、眼周和兩頰呈乾性，在保養的時候要分區域給肌膚不同的保養品，**乾燥的部位**可適當地選擇**鎖水保養品**（例如神經醯胺），而**偏油部分**則使用**清爽的護膚品**（例如杜克胖胖瓶、妍思基礎乳清爽型）。

　　我就是混合性膚質，我會依照季節和膚質狀況來選擇產品，例如冬天會加強敷臉之外還會選擇鎖水性高的產品（神經醯胺），春天和夏天就單純敷面膜，或用玻尿酸產品再加上一層鎖水保養品。

i'm 濕敷教主：90％的肌膚問題都跟缺水有關！

1 杜克 E　活顏精華乳

這瓶就是大家熟知的**杜克胖胖瓶**，是非常清爽的乳液，而且 1 瓶 100ml，非常划算好用。胖胖瓶乳液的質地完全不黏也不油，擦上去很好吸收，非常推薦油性肌、偏油性混合肌使用，每天早晚洗完臉後擠大約 10 元硬幣大小全臉塗勻就可以了。

這瓶是買給我妹妹使用，妹妹小我 10 歲，我都已經老了，她還在給我青春期長痘痘！也因為擦了很好吸收又很清爽，很適合沒有耐心按摩吸收的青春期小朋友或是男生喔！

2 DMS 德妍思　基礎乳

這瓶基礎乳在前面也有介紹過喔，是我目前用過角質修護成分最完整的乳液了。**清爽型**我會在夏天用、**中性型**適合高雄的冬天。

這瓶含有和角質層幾乎相同的成分：Triglyceride(三酸甘油脂)、Ceramides(神經醯胺)、Squalane(鯊烷) 及 PC(卵磷脂)，可以針對敏感脆弱或容易乾癢的肌膚進行修護與保溼。它擦起來相對杜克而言比較滋潤，所以我都晚上敷完臉之後擦，這樣保濕 3 元素就可以完全做到了！

DMS 的用量很省，官方是建議按壓約花生米大小，我會多擠一些，大約 1 元硬幣大小，連脖子一起帶過。使用大約 2 個禮拜就可以發現早上起床洗完臉後肌膚很水嫩有光澤，感覺它把前一天晚上面膜的水分很完整鎖在肌膚底層了。

③ 乾性肌

　　比起油性肌和混合肌，乾性肌需要的保養最多，因為**幾乎所有的肌膚問題都跟缺水有關**！例如：細紋、老化、乾燥、過敏、暗沉。

　　乾性肌屬於**易衰型肌膚**，對外界刺激的反應最大，尤其在季節交替時還容易有過敏的情況，所以乾性肌的人一定要特別注意自己的皮膚狀況，最好提前將護膚品準備好，在換季時就要趕快換成**修護滋潤型**的保濕品（例如杜克安瓶、神經醯胺），不要等到皮膚開始有反應起小疹子或乾癢了再來補救，就比較麻煩了。

杜克 E　活顏精華液 40%SCA

這一瓶在前面也有介紹喔！這瓶精華液通常被稱為**杜克安瓶**，大都是雷射術後用來修護和保濕導入的產品。以前都是玻璃瓶裝，現在改成塑膠包裝，開口轉開後還有做一個小突起，用不完可以把開口塞起來，在家裡使用很方便。

它 1 支 1cc，我會分 2 次使用，針對脫皮乾癢的地方塗抹，然後輕輕擦到全臉。這瓶非常滋潤，質地有點像精油狀，擦到臉上後稍微用指腹按摩，一下子就吸收了。

這瓶有 40% 的 SCA 蝸牛活顏修護精華和類天然保濕因子，修護保濕效果非常好。因為它修護功能很強，所以對於**乾、敏肌或是術後的皮膚，**在修補角質層、提升保濕潤澤度方面都很棒！通常使用 2 支精華液之後脫皮乾癢的情形就會改善了，連續使用 1 個禮拜後，皮膚的光澤度和水嫩感會恢復很多。

QA Dr.丸美醫 有問必答

Q1 經常在臉上噴水，就可以保濕嗎？

A 有些人會定時在臉上噴化妝水，覺得這樣可以直接補充水分，其實皮膚噴上化妝水後，角質層確實會吸滿水，看起來皮膚好像充滿水分了，但是這種方式的保濕效果卻很短，如果沒有再擦上鎖水成分的產品，噴水反而容易讓角質層的水分被揮發帶走，皮膚會越來越乾喔！

Q2 平日多喝水，對於補充肌膚水分也有功效嗎？

A 有幫助。多喝水是很重要的喔！我規定自己1天至少要喝2000cc的白開水，診間裡也一定會放大瓶水壺。不過也不是光靠多喝水臉上的乾燥脫皮就能夠改善的，還是要勤於保養喔！

Q3

肌膚特別乾燥，上班又待在冷氣房一整天，是否要隨時補擦補水和鎖水產品才夠？

A 很多人會隨身攜帶小瓶的噴霧水，沒事就往臉上噴，覺得好像臉上濕濕的、水分很充足的感覺，但事實上，只有一味的往臉上噴水，就只做到補水的部分而已，沒有鎖水，如果是乾燥肌膚長時間待在冷氣房中，還是需要用**乳液或乳霜**來做鎖水的動作喔！

但上班需要化妝的女生，就不建議中途再補擦乳液，因為乳液混合著臉上的髒污和彩妝，反而容易引發痘痘粉刺，這時候除了平時的保濕要做好之外，底妝就選擇保濕度高一點的產品，肌膚才不容易散失水分、覺得緊繃不舒服。♛

Chapter 13

萬惡紋路大対抗

女人愛美的大敵

再怎麼不願意，我們女人從 25 歲之後膠原蛋白就會開始流失，皮膚會變薄、變脆弱，同時皮膚的彈力纖維也會開始慢慢減少，會變得越來越乾燥鬆弛，並且形成無法消除的皺紋，尤其是**法令紋、嘴角紋、魚尾紋**，看起來馬上就會讓人老個 10 幾 20 歲！這是很無奈的演變。

尤其現代人生活習慣不好、壓力大、常熬夜、飲食不均衡、少喝水等，都會加速皮膚組織的鬆弛。而隨著年齡增長，細紋會逐漸被更深的皺紋所取代，這時候真的是讓人欲哭無淚！

要對付和預防臉上的紋路，我認為最好的方法就是**定時保養**！這之中最重要的關鍵字就是「**定時**」。

01 Queen's Class
— 女王の快狠準保養教室 —

● 萬惡紋分 3 種

1 細紋

因為肌膚老化、缺水、日曬而造成真皮層彈性纖維及膠原蛋白減少，老化的皮膚缺少這些結構，水分就容易流失，造成皮膚更乾燥脆弱，細紋就會更深，成為一個惡性循環。

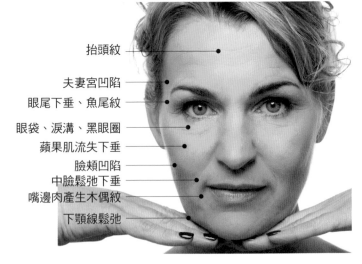

抬頭紋
夫妻宮凹陷
眼尾下垂、魚尾紋
眼袋、淚溝、黑眼圈
蘋果肌流失下垂
臉頰凹陷
中臉鬆弛下垂
嘴邊肉產生木偶紋
下顎線鬆弛

● 隨著年齡漸增、膠原蛋白逐漸流失，臉上的紋路開始越來越深。

2 動態紋／靜態紋

動態紋就是做表情時，肌肉收縮才會出現的紋路；**靜態紋**則是因為動態紋反覆的出現，造成**永久性的皮膚摺痕**，就算沒做表情還是會有一條條紋路在臉上。

這類皺紋是因為臉部的表情肌肉收縮而導致，例如：**魚尾紋**；以及笑的時候，唇的兩邊有**笑紋**；或皺眉、挑眉的時候，眉心及額頭容易出現**抬頭紋**。要小心的是，如果表情過於誇張豐富，且隨著老化肌膚彈性變差，就愈來愈難恢復原狀，動態紋逐漸轉成靜態紋。

20~30 歲
淚溝紋
疲憊感藏不住

35~40 歲
法令紋
看起來很有輩份

45 歲以上
嘴角紋
被誤認為阿婆

●隨著年齡漸增、膠原蛋白逐漸流失，臉上的紋路開始越來越深。

皮膚就像一張紙，紙摺久了，就算把紙攤平，但明顯的摺痕已經產生，無法回復原狀，這就是靜態紋的概念。

3 重力紋

因為年齡漸增，骨骼萎縮、臉部筋膜層鬆弛，加上皮下組織位移下垂所造成的紋路，最典型的例子就是**三八紋**，包含：**淚溝紋、法令紋、嘴角紋**（又稱婆婆紋、木偶紋），這些都是三八紋！

02 Queen's Class
── 女王の快狠準保養教室 ──

● 萬惡紋對抗法

居家的保養方法就是**保濕做足**！可能勤**敷面膜**或擦一些**保濕精華液**，可以改善因為缺水而造成的細紋問題。如果是下垂或肌肉收縮造成的紋路，那大概只有靠**醫美**的專業器材才有辦法達到一個比較持久的拉提效果了。

⚡ 對抗 1　細紋

改善細紋的方法除了老話一句「**保濕跟防曬要做好**」之外，也可以考慮醫美療程，例如：**電波拉提、水光針**等。電波拉提是以熱能的方式刺激膠原蛋白增生，針對**肌膚老化鬆弛**有很好的緊緻效果；而水光針則是直接在真皮層補充膠原蛋白，**改善細紋或預防細紋**的產生。

⚡ 對抗 2　動態紋 / 靜態紋

表情肌收縮造成的動態紋，被我歸類於「**最好解決的皮膚問題**」之一，只要定期施打**保養型**的**肉毒桿菌**就可以了！

但是，如果一開始動態紋沒有好好處理，進一步形成靜態紋，那就不容易處理了！除了**治療型的肉毒桿菌**外，還需要在產生靜態紋處的淺層皮膚打填充物 (最常見的填充物就是玻尿酸)，讓填充物把塌陷的皮膚撐起來、使靜態紋消失！

而**肉毒桿菌相對於玻尿酸便宜許多**，所以我們一定要在還沒生成靜態紋之前就做肉毒桿菌的保養，不但最省荷包，CP 值也最高。

我會建議患者定期打保養型的肉毒桿菌，劑量很輕，只是針對過度收縮的表情肌放鬆，達到預防靜態紋的效果。

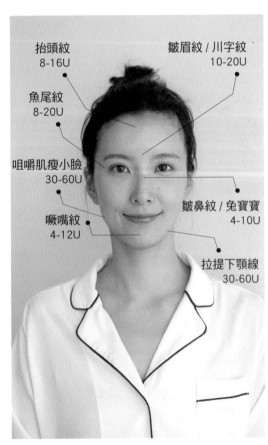

抬頭紋
8-16U

皺眉紋 / 川字紋
10-20U

魚尾紋
8-20U

咀嚼肌瘦小臉
30-60U

皺鼻紋 / 兔寶寶
4-10U

嘟嘴紋
4-12U

拉提下顎線
30-60U

● 肉毒桿菌施打建議劑量

⚡ 對抗3　重力紋

對付重力紋就是要：**拉提＋填充**！因為造成重力紋的原因是筋膜層的鬆弛及皮下組織下垂，所以拉提可以根本性的解決重力紋的問題，先拉提之後，填充物的量也會省很多。

臉部拉提的方法五花八門，從五爪拉皮、八爪拉皮、埋線，到無創的電波拉皮、音波拉皮等，年紀越大的人需要的也越具侵入性，才能達到好的治療效果。

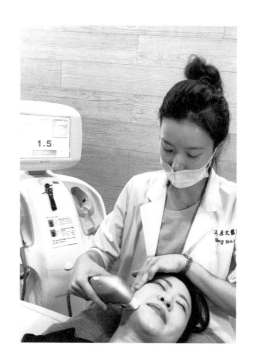

而一般的輕熟女，我會建議用**音波拉提＋電波拉提**這樣複合式的方式，直接拉提筋膜層改善下垂、刺激膠原蛋白增生、恢復肌膚緊緻；若是臉比較鬆弛的客人，音波拉提之後再加入**埋線拉提**，就可以達到很好的效果。

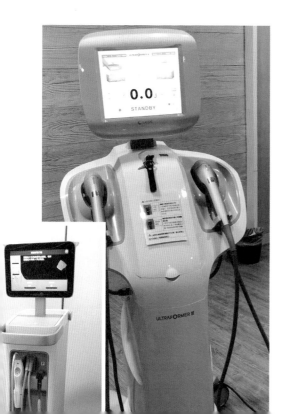

音波＋電波拉提也是我非常推薦的療程之一，用來對付鬆弛下垂的肌膚效果很好，特別是剛生完小孩或輕熟女的客人，照鏡子發現臉明顯比少女時期下垂、嘴邊肉出現，臉部輪廓也變得不明顯，做完療程之後臉會明顯上提、法令紋變淺，而因為臉的輪廓線變明顯，臉看起來也更小了！

我會建議輕熟女們把音波和電波拉提當成 1 年半 ~2 年 1 次的保養療程，我們的重點是放在「**維持、保養**」，不要等到臉已經垂到不行了再來做，到那時候真的只能建議妳做手術了！

● 預防型抗皺好物

　　所有保養的概念都是「預防勝於治療」，針對臉上的紋路也是，我們可以用**抗皺成分**的產品，加上簡單的**按摩手法**，來延緩皺紋的形成。

　　抗老產品分為**預防型**的抗氧化成分，主要是減少肌膚被破壞。以及增加膠原蛋白增生和細胞活性的**修復型**成分，這類多半適合已有老化徵兆的肌膚。

　　我認為**抗氧化**是所有年齡層都需要的保養成分，並不是只限於熟齡，各個年齡層都會有可能被自由基破壞正常細胞，也就是我們所謂的氧化，所以抗氧化產品其實是人人都可以使用的。做好抗氧化不但可以維持肌膚的健康、減少自由基對肌膚的傷害，對延緩老化和美白淡斑，也有很好的效果。

　　預防型抗氧化成分有綠茶、維他命 A 衍生物、維他命 C、E、Q10(又名：輔酶 Q10、輔酶酵素 Q10)、艾地苯等。

　　輔酶 Q10 (Biquinone) 具有抗氧化作用，被稱為肌膚的動力原，能強化角質細胞的粒線體活性、瞬間啟動肌膚的修護能量、保護肌膚膠原蛋白不受到自由基的侵害、減緩細胞老化、修復受損的膠原纖維、抑制黑色素生成、降低紫外線 A 的傷害、減少皺紋產生，以延緩肌膚老化，喚回原有的年輕光澤。

艾地苯 (Idebenone) 應該是目前最有效的抗皺成分！艾地苯是 Q10 生物合成轉化而來的。原本是應用於醫學領域，可預防細胞受損、延緩皮膚老化、活化細胞，臨床証實確實能減少細紋和皺紋、增加肌膚含水量，並且有效改善外觀。

含這 2 種成分的產品我推薦 ANYYOUNG 鎧悅抗皺活顏橙彩晶露，含有艾地苯 1％、輔酶 Q10、綠茶萃取精華等抗皺、抗氧化成分，精華液的質地非常好吸收，我推薦輕熟女把它拿來擦全臉，在眼周或其它容易長細紋的部位加強按摩。

另外，這瓶在醫美診所也可以拿來作為抗皺導入使用，因為裡面加有綠茶萃取精華，用完臉會很透亮喔！

哪裡買

ANYYOUNG 鎧悅
抗皺活顏橙彩晶露

💰 30ml　NT$2800 元

🛒 醫美診所和網路都有賣。

哪裡買

DMS德妍思　綠茶萃取液

💰 20ml　NT$1800 元

🛒 醫美診所和網路都有賣。

綠茶含有豐富多酚，是非常好的抗氧化成分，也能夠減緩肌膚老化速度、改善黯沉蠟黃，增加肌膚光澤度。而另一個推薦的是 **DMS 的精華液產品**，它是以微脂囊形式包裝，可促進吸收，我大概 1 次滴 3~4 滴，擦全臉。

Q1 坊間美容院也有很多拉提的課程,那些有效嗎?

A 通常美容院的拉提課程是以溫熱感搭配手法,達到一個肌膚暫時緊緻的效果,加上我們躺著,紋路本來就不那麼明顯,因此常常產生當下感覺似乎有緊緻拉提,但走出美容院不到 1 個小時後又打回原形的情況。

Q2 音波和電波差在哪?

A 這好像滿多人都搞不清楚,我稍微說明一下:我們皮膚分很多層(大概就 5 層啦~),音波可以解決**深層**(筋膜層 SMAS)的下垂,而電波則是對**較淺層**的鬆弛肌膚有很強的緊緻效果,因此現在拉提多半會兩種合併一起做複合式的治療。

做個簡單的比喻,就像我們冬天穿很多件衣服,要看起來修身,妳不能只有單一件穿得緊啊!如果裡面穿得緊、外面穿得鬆,看起來就一定會鬆垮垮的,反過來也一樣,因此現在通常會音波、電波合併,做全面式的肌膚拉提療程!

Q3 打肉毒是不是會變成橡膠臉,表情很不自然?

A 其實自然與否,和施打的劑量和部位是有關係的。一般我們常看到電視上藝人打得比較僵硬不自然,其實因為在螢幕上只要有一點點紋路都會很明顯,因此必須施打重劑量來維持臉部光滑,所以就會有不自然的僵硬感,我們一般人不需要這樣,因此我偏好以少量、自然的方式幫患者施打肉毒,不但除皺效果好,自然度也高。♛

138

257

The Age
of
Beauty

Chapter 14

小心！

Be careful

凹疤凸疤、色素痘疤

找上你！

這件事沒處理好

　　我們長了痘痘疹子，甚至皮膚上有傷口，如果用不對的方式處理，很容易在皮膚留下凹洞痘疤和色素沉澱！

　　色素沉澱也許會隨著時間慢慢淡去，但凹洞痘疤是因為**皮膚纖維化的關係**，而隨著時間增加，**皮膚的質地只會越來越硬**，沒辦法自行消退。而臉上的凹洞除了會嚴重影響外觀之外，上妝時也很難平整服貼，會讓人沒有自信，倍增困擾。

　　要預防凹洞痘疤最好的方法，就是「**在一開始的時候就好好處理它**」！對付痘痘的方法可以看前面的「**痘痘肌篇**」。我真心建議媽咪們在孩子青春期的時候就要幫忙照顧好他們的皮膚，我在診所常遇到家長帶著要上大學或是準備踏入職場的孩子來處理坑坑疤疤的問題，但通常都已經很嚴重了，所以還是一句老話：「預防勝於治療！」

● 3 種凹洞痘疤自救法

 色素痘疤

　　皮膚並未下凹或突起，只有顏色的變化，並不是真正的疤痕，這種的通常會隨時間淡化，在數個月後逐漸恢復。

　　色素痘疤可以依顏色分成 2 種──黑色和紅色。**黑色痘疤**是因為青春痘造成的發炎反應，使黑色素細胞受破壞，產生「**發炎性色素沉著**」的現象 (就是一般說的黑色素沉澱)。**紅色痘疤**則是青春痘發炎引起皮膚下方的微血管擴張和組織水腫，所以痘痘會又紅又腫，在經過數週到數個月之後，發炎反應會逐漸消退，紅色痘疤就會消失。

黑色痘疤處理的方式跟處理黑斑的方式是一樣的，主要就是做好防曬，另外可以加上果酸類產品，例如：**妮傲絲翠的果酸凝膠、皙斯凱高效煥采精華露**（杏仁酸 10%）(可參考「果酸篇」)，或是塗抹含有美白成分的保養品，例如：A 酸、A 醇、熊果素、維生素 C 等。

通常美白產品都是複方成分（同時含有上述成分），可以同時多方面的抑制黑色素生成，和淡化已經形成的黑色素。不過淡斑產品要達到效果，需要持之以恆加上做好完全的防曬，黑色素才能在 6~12 個月內慢慢淡掉。

如果想要比較快的話，可以施打**淨膚雷射**或**皮秒雷射**，加強黑色素的代謝和淡化。通常**黑色素**需要幾個月來淡化，但是如果有雷射的幫忙加速代謝，大約做 3~5 次就可以有很明顯改善了。

紅色痘疤會讓臉上會有一塊塊紅腫，比黑色痘疤還不好上妝遮住，造成外觀上的嚴重困擾，平時要保養可以用一些修復成分的產品，例如：藍銅肽 ghk-cu、山金車 Arnica，或藻類萃取的保養品，來鎮定發炎發紅的皮膚。如果想迅速改善，可考慮藉助醫美的**染料雷射、脈衝光**，這 2 種雷射的波長都可以針對紅色素來做改善，一般大約需要 3~5 次的療程才有效果。

② 凸疤

凸疤又稱「增生性疤痕」，就是俗稱的「**蟹足腫**」，皮膚會向外突起，這個在臉上比較少見。這類型的凸疤可以到皮膚科請醫生施打**針劑類固醇**，或是用**冷凍治療**來改善。

③ 凹疤

「凹陷型青春痘疤痕」，就是俗稱的「**凹洞痘疤**」。對於這類形成已久的凹疤，因為皮膚底層的硬化會越來越明顯，只用保養品或外用藥膏治療，**效果是很差的**。

其實凹疤的皮膚就像一把開花的傘，傘的骨架就是凹疤下皮膚的纖維化組織，而這些纖維組織拉住上面的皮膚，就像開花的傘面一樣往下凹了！所以要處理這樣的凹疤一定要**打斷皮膚下的纖維化組織**，加上促進真皮層的膠原蛋白增生，才能撫平凹疤、改善肌膚纖維化。

⚡ 自救 1　雷射光電療法

最常見治療凹疤的方式是**飛梭雷射**或**飛針**、**皮秒雷射**。早期處理的方式是傳統磨皮雷射，但因為恢復期長、東方人術後反黑的機率大，因此逐漸被取代。

飛梭雷射可以做到：1. 破壞纖維化疤痕組織、2.用熱效應刺激纖維母細胞產生膠原蛋白，填補肌膚的凹陷。藉由這 2 種途徑來改善凹疤的深度。**飛針**的原理就是用細針接觸皮膚，形成微創傷口，讓皮膚組織啟動自我修復能力，刺激纖維母細胞，達到膠原蛋白和彈性纖維增生的效果。

不過飛梭和飛針的缺點就是**要治療很多次才會看到效果**，大概 6~8 次、每次大約 10~20 分鐘，這 2 種方法的破壞性都比傳統磨皮小很多，若想要 1 次就改善而把深度或強度加強，反而會使皮膚受傷，**新生肌膚的程度遠不及皮膚受傷的程度**。所以，針對凹洞痘疤的問題一定要有耐心，才能看到效果。

皮秒雷射大多分 2 種探頭，其中一種可以將能量聚焦的探頭，坊間有滿多名稱，例如：「蜂巢」、「全像聚焦」等，總之就是將皮秒雷射透過探頭將雷射能量聚焦在一個一個小點上，能夠在表皮完全無傷口的情況下，在皮下創造出一個個小空泡 (醫學名稱為 Liob)，刺激膠原蛋白增生、撫平凹洞痘疤。皮秒的好處是**肌膚表面沒有傷口**，**修復期也很短**，很適合無法接受太長修復期的人。

要注意的是，適合哪種療程、需要的次數，都要先讓醫師評估，而且術後**保濕和防曬**一定要做好！

⚡ 自救 2　直接填補凹洞

有些凹洞真的非常深、無法用雷射改善，可以考慮使用玻尿酸或膠原蛋白在凹洞的地方直接填補起來。好處是效果很立即，缺點是玻尿酸和膠原蛋白都是人體可吸收的材質，一旦過了時效性，凹洞還是會漸漸恢復為原本的樣子。

QA Dr.丸美醫 有問必答

Q1 打雷射效果會依年齡、膚質,而有所差異嗎?

A 年紀越大效果越差,因為自體的恢復和膠原蛋白新生能力不佳。另外,若痘疤拖的越久,不但療程次數會增加,效果也沒有早期那麼好。

Q2 為什麼我做了飛梭都沒用?

A 首先,一定要看次數,如果只做個1、2次就想看到改善,真的是不可能!就像前面說的,飛梭是一個溫和性、恢復期短的療程,至少需要6~10次才會看到效果,而痘疤越深,需要的次數就越多。

另外,這些飛梭或飛針的療程都是需要啟動自體纖維母細胞再生膠原蛋白,等待膠原蛋白生長大約需要1~2個月的時間,並是一打完就會馬上改善的!

Q3 每個療程之後的恢復期,居家時要做什麼保養和調理?

A 保濕、防曬做好就可以了!記得多敷臉,增加皮膚的濕潤度。

Q5 我做了多次雷射,為何臉上還是有色素沉澱?

A 這個原因通常不是因為雷射沒有效果,而是因為舊的色素沉澱淡掉了,但是因為膚質本身問題沒有改善,還是一直長痘痘,造成新的色素沉澱,所以臉上看起來才會一直都花花的、色素沒有改善。

Q4 為什麼打完雷射疤痕有變淺,但1週後又變回原樣了?

A 剛開始打完由於熱效應和破壞性,皮膚會有點腫脹,而這樣的腫脹感讓疤痕看起來比較淺,但大約1週後皮膚腫脹恢復,疤痕就會回復原來的樣子,要等待膠原蛋白增生之後,疤痕才會慢慢變淺。

Q6 如果已有改善,不繼續打雷射又會變回之前的狀況嗎?

A 針對所有凹洞痘疤的雷射或療程,做完改善後是可以維持的,不需要一直施打。♔

這些酸類能

改善暗沉

細緻亮澤

抗痘抗老化

antiaging

Chapter 15

醫生才知道它的好 BEST

Dr.丸美醫訊器

果酸是我最推薦的酸類之一，它不易有光敏感性，不管白天晚上都可以擦。

有些人一聽到酸類產品就覺得很害怕，認為用了皮膚就會變薄、過敏、泛紅脫屑，其實只要正確使用酸類產品，它們對膚況改善是非常有幫助的喔！

果酸能促使老廢角質層脫落、增進表皮新陳代謝、促進肌膚更新、防止毛孔阻塞，因此對於表面被角質層覆蓋的**內包型粉刺**和**黑頭粉刺**的效果很不錯。在真皮層會刺激膠原蛋白增生及重新排列，使皮膚緊實、增加彈性，可以改善細紋。另外，果酸也可促使表皮層之細胞結構正常排列，達到保濕的效果。

01 Queen's Class
─ 女王の快狠準保養教室 ─

● 常見酸類：果酸、水楊酸

果酸是由水果中萃取出來的一種酸，有**甘醇酸、蘋果酸、杏仁酸**等。果酸可以幫助去除老廢角質，加速皮膚表皮的細胞代謝，達到皮膚更新的效果。

目前最常用的果酸類是杏仁酸和甘醇酸，甘醇酸的分子量最小、滲透率最佳，不過對皮膚的刺激也比較大，有時候擦在皮膚上會有一種刺刺的感覺，有些人還會過敏，這時候可能就要降低甘醇酸的濃度，或考慮換成其他酸類使用。

杏仁酸是親脂性果酸，是比較溫和的果酸，對於清除老廢角質、幫助肌膚新陳代謝、治療發炎性青春痘、改善因曝曬而導致的肌膚老化，有良好的效果。另外，杏仁酸能夠阻斷黑色素生成、有效預防跟淡化斑點的生成，臉上有斑點困擾的人，用杏仁酸搭配雷射也會有不錯的效果。

大家知道**肝斑是很難治療的斑點**，雷射無法打得太強，容易反黑或反白。我有一些輕度肝斑的患者，是以輕度雷射和低濃度杏仁酸兩種間隔的療程來做日常保養（約 4~8 週 1 次），再配合適度的保濕防曬，斑點都控制得很好。

在各種酸類產品中，果酸算是我最推薦的酸類之一，不管白天或晚上都可以擦，由於果酸不容易有光敏感性的反應，所以**較不怕反黑的問題**，不但如此，**孕婦及哺乳中的媽咪們**也都可以使用果酸類的產品，可以對懷孕產生的斑點做預防和淡化。要注意的是，雖然沒有臨床報告顯示孕婦不可以使用果酸產品，但為了安全考量，還是建議孕婦只用果酸做臉部保養，先不要擦在肚皮上吧！

我是偏乾性混合肌，夏季時也會有出油、粉刺、暗沈等問題，我自己最常用的酸類是**杏仁酸和水楊酸**，杏仁酸算是很溫和的果酸類，**我會拿來全臉使用**，促進肌膚角質正常代謝，而水楊酸則是**局部擦在容易長粉刺痘痘的地方**。

水楊酸是除粉刺的好朋友，因為它是脂溶性的酸類，能夠深入毛孔，代謝毛孔內的油脂、髒汙和角質，它和果酸作用原理有些近似，都能促進角質層剝落，黑色素或斑點也跟隨角質層剝落而代謝掉，能達到細緻肌膚、減少粉刺、縮小毛細孔的效果。

含有水楊酸成分的產品可以選擇**理膚寶水「油性或痘痘肌膚」**系列的產品，針對毛孔粗大或容易長粉刺痘痘的油性肌很適合。

用了酸類產品剛開始有 1~2 週的時間，會覺得**一直冒粉刺和小顆的痘痘**，這是酸類成分讓肌膚開始代謝的正常過渡期喔！大約 2 個禮拜後膚質就會開始比較穩定，此時粉刺會慢慢代謝出來，這個時候千萬不可以去擠它！只要在洗臉的時候針對粉刺的地方多按摩，加速排除就可以了，或是可以拉長使用間隔，例如每天使用變成 2~3 天使用 1 次，讓肌膚慢慢適應後，這種情況就會改善，使用 1 個月後就可以達到肌膚柔嫩、改善暗沉的效果。

注意喔！

有些酸類產品因為濃度比較高或是有添加物，容易造成過敏，而且酸類的功能就是降低角質細胞的聚合力，讓老舊細胞脫落，所以會稍微脫屑，但是如果一使用就**嚴重紅腫發癢**，這是不正常的！不但要馬上停用，還要趕快就醫！

這些酸類能 抗痘抗老化、細緻亮澤、改善暗沉！

● 杏仁酸換膚

　　杏仁酸換膚可以分為**居家型**和**醫療型**。居家型的杏仁酸濃度比較低，一般市售的濃度在 20% 以下、pH 值 3.5 以上。低濃度時我們可以增加細胞代謝，讓皮膚光滑柔細、清理毛孔、減少粉刺產生。

　　醫療型的杏仁酸換膚濃度較高，大約在 10%~30%，pH 值隨著濃度上升而降低。因為濃度高，需要專業人員操作，而使用高濃度時，杏仁酸會直接造成表皮層的溶解，使皮膚亮澤、改善暗沈的問題。

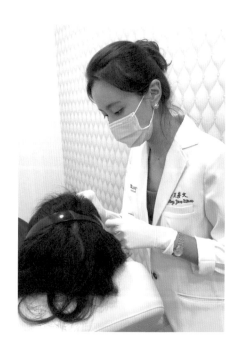

　　針對**臉部**，我主要是使用 Nucelle 高效煥采精華露（杏仁酸 10%）和**理膚寶水淨痘無瑕調理精華**（水楊酸 0.5%），來抗痘、去粉刺。

　　這瓶皙斯凱 Nucelle 高效煥采精華露是我一直都在用的產品，冬天會擦**局部**，現在夏天則是**全臉**使用。一般的杏仁酸都是做成精華液質地，這瓶比較特別是「精華乳」的形式，也另外添加海藻精華，因此保濕度比較高也比較溫和。

　　通常使用杏仁酸容易有刺激、脫皮、脫屑的問題，而這瓶精華乳狀的杏仁酸對於發生這類情形就降低很多，一開始使用的第 1 個禮拜會覺得粉刺變多，這個時候不可以去擠它，只要在洗臉的時候加強按摩代謝粉刺就可以了。1 個月之後，洗臉的時候會很明顯的感覺鼻翼還有兩頰的粉刺減少很多，臉上的顆粒感也減少，變得比較光滑。痘痘肌或油性肌用這瓶建議**全臉擦**，每次大約按壓 5 下，**乳狀的質地可以直接當乳液使用**。

而**理膚寶水淨痘無瑕調理精華**，裡面含 0.5% 水楊酸，水楊酸是親脂性，能夠深入毛孔中代謝老廢角質，也能抗發炎和殺菌。因為男生臉比較油，這瓶本來是我買給老公當直接乳液用，但我也會拿來擦在局部容易長粉刺的地方。

另外在懷孕時因為荷爾蒙改變，臉上出油的狀況變得滿嚴重，一早起床會滿面油光，真的很崩潰！所以我在懷孕時都是直接把這瓶精華當成乳液使用。

身體使用的酸類，我會推薦**妮傲絲翠果酸深層保養凝膠**，這瓶是含甘醇酸的產品，我一開始是擦在臉上，但是刺激感太重，臉上紅腫刺癢得很厲害，所以就改擦在身體其他部位。

哪裡買

理膚寶水　淨痘無瑕調理精華
（水楊酸 0.5%）

💰 40ml　NT$950 元

🛒 醫美診所、網路、藥妝店都有賣。

女王愛用 **身體酸類** 好物

哪裡買

妮傲絲翠　果酸深層保養凝膠
NeoStrata Gel plus-15 AHA

💰 125ml　NT$1550 元

🛒 網路及門市有賣。

這瓶凝膠感覺像較稀的乳液，非常好推勻！我把它拿來擦胸口和背部這些不容易保養到、但是也很容易長粉刺痘痘的地方。另外，針對輕微毛孔角質化的部位，例如手肘、膝蓋、小腿、臀部和大腿根的交界處（就是人家俗稱蜜桃臀的地方），也很適合，可以減少毛孔角質化，不會摸起來粗粗的。

因為甘醇酸的分子量小，酸鹼值低，一開始使用的時候，皮膚會有刺癢的感覺，這個感覺大約 1 分鐘就會過去。大約擦了 1 個月之後，身體上的小粉刺和毛孔角質化會改善很多，摸起來比較光滑，不會像以前有小粉刺那樣粗粗的、一粒一粒的感覺！

針對身體的保養，我很推薦這瓶，尤其是在夏天要來臨之前，一定要趕快把這些會露出來的部分一起保養喔！

第二個推薦的是**寶拉珍選抗老化柔膚 2% 水楊酸身體乳**，這瓶是有一年夏天背上的粉刺痘痘太嚴重，就算加強清潔了還是常常覺得背

這些酸類能 抗痘抗老化、細緻亮澤、改善暗沉！

部有出油的感覺，看到網路上的廣告偶然買來試用看看，一用不得了了，連老公也一起拉來使用。使用大概 2 週就覺得很有感，背上的粉刺和出油量明顯減少很多，皮膚摸起來也比較細緻。老公則是身上原本有一些部位比較粗糙，容易有紅疹或小疙瘩，擦了 2、3 週之後也改善很多喔！

 哪裡買

寶拉珍選　抗老化柔膚
2% 水楊酸身體乳

💰 210ml NT$1180 元

🛒 網路有賣。

QA Dr.丸美醫 有問必答

Q1 一旦停止果酸換膚療程，肌膚是否就會打回原形？

A 這個跟**如果不打雷射，肌膚會不會又回復到原本狀態**的問題一樣。停止使用後皮膚並不會立即回復原狀，會慢慢的回到原本該有的樣子 (暗沉、痘痘、粉刺)，我建議依照每個人不同膚況做醫療級的果酸類療程，之後只要做好防曬、保濕、作息正常、加上居家保養的果酸類產品輔助，就可以維持得很好了。

Q2 使用果酸類保養品，不可以曬太陽嗎？

A 果酸類產品**不會有光敏感性**的反應，並不會因日曬而產生化學變化，白天或夜間都可以擦低濃度果酸保養品，但是防曬一定要做好，否則肌膚還是會暗沉，只要養成每天擦防曬的習慣，果酸類產品沒有時間或季節的限制。

醫美診所的杏仁酸濃度通常分為 10%、20%、30%，第一次會先從 10% 開始。杏仁酸刷在臉上會有一種涼涼的感覺，滿舒服的，通常杏仁酸療程還會包含清粉刺和換膚後的修護面膜，整個療程做完之後臉上的暗沉會很明顯的改善。杏仁酸療程價差滿大的，從 1 次 NT$590~2500 元都有，差異在於使用杏仁酸的廠牌，以及術後修護產品的等級。

Q3 常做酸類換膚，皮膚會變得愈來愈薄嗎？ 而皮膚已經很薄的人，適合換膚嗎？

A 這個問題應該是最常被問到的，其實就像洗澡一樣，正常情況下 1 天洗 1 次澡會促進皮膚的健康和清潔，but 如果妳 1 天洗 10 次澡，皮膚也會變薄受傷吧？酸類換膚也是一樣的道理，通常醫療級高濃度的果酸類換膚是 1~2 個月做 1 次，維持肌膚正常代謝，如果我們每個禮拜都做高濃度換膚，甚至家中的果酸產品濃度過高，這樣錯誤的使用方式，當然就會導致皮膚變薄受傷！

如果你的皮膚很薄、容易乾癢過敏，也沒有角質代謝問題，**就不需要果酸換膚囉！👑**

Chapter 16

我不要當 粉刺人！

油光滿面到 肌膚細白的祕訣

肌膚代謝需要 28 天，粉刺問題是長期抗戰，真的不能心急！

　　粉刺幾乎是所有人的困擾，尤其**黑頭粉刺常常讓人看起來髒髒的**，而其他白頭粉刺或是閉鎖性粉刺，又會讓皮膚摸起來一粒粒的很粗糙，看起來膚質很差！連我到現在都還是會被粉刺困擾，因為生活在四季如夏的南台灣，要擁有「**不出油的天生美肌**」真的是太困難了！只能靠努力保養來抑制粉刺大軍入侵了。

　　其實粉刺就是**毛孔內老廢角質、臉上髒汙和油脂的混合物**，粉刺形成的原因跟痘痘很像，有 4 大原因：

① 皮脂腺過度分泌

　　在 10~50 歲之間，由於荷爾蒙的關係，皮脂的分泌會比較旺盛，油脂混合角質就會產生粉刺。

② 毛囊角質化過程異常

　　這應該是形成粉刺**最重要的原因之一**！我們的皮膚每天都在代謝，無時無刻都在產生老廢角質，所以粉刺是很難纏的，因此在 10~50 歲之間要完全不長粉刺，真的是很困難。

③ 荷爾蒙的刺激

　　皮脂腺由於荷爾蒙的刺激會過度產生油脂，而在 50 歲之後因為油脂的分泌量變少，臉會開始乾燥，這個時候粉刺會慢慢減少，但是相對的因為缺少油脂的保護，皮膚會容易過敏、乾癢，這又是另一個保養的難題了。

4 對外來物過敏

例如：花粉、灰塵，或是不適合的保養品等，都會讓角質代謝不良、長粉刺。最近也很常見的一個原因就是空污，所以建議大家在空汙嚴重時出門一定要擦防曬隔離霜，回家後也要徹底清潔喔！

02 Queen's Class
── 女王の快狠準保養教室 ──

● 粉刺大魔王有 4 種

1 黑頭粉刺

毛孔內角質和油脂的混合物，接觸到臉上的髒污和空氣後氧化變黑，就會形成黑頭粉刺。

2 白頭粉刺

毛孔內角質和油脂的混合物，還沒被空氣氧化。

3 閉鎖性粉刺

毛孔內的混合物被皮膚覆蓋住，沒有接觸到空氣，主要是因為毛孔被**老廢或是增生的角質**堵住，讓粉刺無法冒出頭來。

4 青春痘

毛孔內的混合物加上**痤瘡桿菌**造成發炎，就會變成青春痘。

⚡ 自救1 卸妝要徹底

針對粉刺，我自己的自救做法有 2 大重點：**徹底卸妝**和**愛用酸類**！現在女孩子幾乎都有化妝的習慣，記得每天一定要卸妝，否則臉上的彩妝混合油質就容易長痘痘粉刺。

尤其是長痘痘後，粉底和遮瑕膏會越蓋越厚，更容易造成毛孔阻塞，惡性循環！

我是每天都會擦二層防曬的人，偶爾也會有場合需要化濃妝，因此卸妝對我而言就非常重要。我手邊會有 2 種不同的卸妝產品，一個是 ORBIS 澄淨卸妝露拿來平時淡妝使用，一個是 THREE 卸妝油，化濃妝的時候使用 (只要有上粉底液，我就覺得算是濃妝喔)。

1 THREE　卸妝油

我會選這瓶是因為它乳化速度很快，沖掉之後臉部不會緊繃不適，也不會有厚重油膩的殘留感。我一般會壓個 3 下，全臉按摩約 2 分鐘，加一點清水乳化後再按摩約 2~3 分鐘沖洗掉，然後才使用洗面乳。

這瓶有淡淡的柑橘味，使用起來很療癒、很放鬆。如果妝比較濃，我會多按壓幾下，但乳化也會特別仔細，避免卸妝油殘餘在臉上，造成臉部負擔。

哪裡買

THREE　卸妝油

💰 200ml　NT$1,450 元

🛒 百貨專櫃購買。

2 日本 ORBIS 澄淨卸妝露 EX

這瓶我用了快 10 年了，一開始還會託人去日本買，後來發現台灣在折扣的時候其實跟日本幾乎沒有價差。

我一次約按壓 4 下，全臉輕柔畫圈按摩約 1~2 分鐘，再沾一點清水乳化後才洗掉。它的質地介於卸妝水和卸妝油之間，沒有卸妝油那麼厚重，但針對平日的淡妝卸除效果很好，卸完妝後我會再用洗面乳再做一次面部清潔。

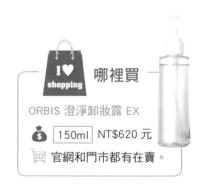

哪裡買

ORBIS 澄淨卸妝露 EX

💰 150ml　NT$620 元

🛒 官網和門市都有在賣。

不管如何號稱不需要乳化的卸妝產品，都還是自己做好乳化的動作比較好，這些殘餘的卸妝產品才不會留在臉上，反而容易造成粉刺痘痘喔！

⚡ 自救 2　愛用酸類

酸類真的是「粉刺人」的好朋友！

　　我是乾性混合肌，兩頰和Ｔ字部位在夏天也有粉刺的困擾，我習慣使用**水楊酸**和**杏仁酸**來解決這些問題，但如果是容易出油的肌膚，我非常推薦用水楊酸來解決粉刺的困擾，**水楊酸是親脂性**，能夠深入毛孔中代謝老廢角質，也能**抗發炎和殺菌**，我是拿來在局部容易長粉刺的地方使用，如果是全臉都容易冒痘出油的人，可以改成全臉使用喔！

1 水楊酸

我推薦**理膚寶水淨痘無瑕調理精華（水楊酸0.5%)**，這瓶抗痘精華裡面含 0.5% 水楊酸，因為男生臉容易出油，這瓶我是買給老公當乳液用，我自己則是把它拿來擦局部容易長粉刺的地方，在懷孕或是夏季瘋狂出油的時候，我也會拿來全臉使用。

2 杏仁酸

我會用**皙斯凱 Nucelle 高效煥采精華露（杏仁酸 10%)**，我很喜歡這瓶是因為一般的杏仁酸都是做成透明精華液類型，這瓶比較特別是偏乳液狀的，是精華乳的形式。乳液的劑型比較滋潤，通常使用杏仁酸的人都容易有脫皮、脫屑的問題，而這瓶乳液狀的杏仁酸對於發生這類情形就降低很多。

我是偏乾性的混合肌，通常是春夏換季或夏天容易出油暗沉、長粉刺的時候才使用這瓶。夏季時我會全臉擦上這瓶精華露，每次大約按壓 5 下，然後在局部擦上水楊酸精華，最後再擦上乳液。

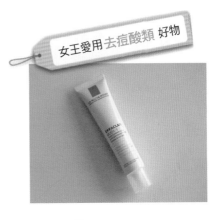

女王愛用去痘酸類 好物

　哪裡買

理膚寶水　淨痘無瑕調理精華
（水楊酸 0.5%）

💰 40ml　NT$950 元

🛒 網路或藥妝店、醫美診所都有賣。

　哪裡買

皙斯凱 Nucelle
高效煥采精華露（杏仁酸 10%）

💰 30ml　NT$2400 元

🛒 特定醫美診所或網路平台有販售。

03 Queen's Class
― 女王の快狠準保養教室 ―

● 粉刺対付 切記 2 招！

1 用溫和的洗面乳清潔

　　和對付痘痘的方法一樣，使用溫和的洗面乳，因為過度的清潔反而容易造成皮膚過度刺激和乾燥，反而會使粉刺增加，甚至皮膚泛紅、過敏、起小疹子！

　　長粉刺時，我都是用 **GIORGIO ARMANI 亞曼尼黑曜岩新生奇蹟潔顏乳**來清潔，它的泡泡非常細緻，味道又好聞，我洗完之後覺得清潔得很乾淨、皮膚水水嫩嫩的很好摸，重點是不會覺得緊繃不舒服。我會針對鼻翼、兩頰和額頭容易長粉刺的地方多畫圓圈，按摩 10 秒加強清潔。

TIPS

我的日常保養順序通常是這樣的：

1　卸妝清潔→化妝水→杏仁酸精華乳→水楊酸淨痘精華（局部擦）→乳液

2　果酸類產品代謝老廢角質的功效很好，我皮膚暗沉的情況也因此改善很多，其實只要把老廢角質代謝掉、表皮層的排列整齊，皮膚看起來就會透亮、變白。

3　一開始使用這些酸類產品會覺得粉刺痘痘變多是正常的，大約過 1~2 星期就會改善，這個時期千萬不要自己把粉刺擠出來，反而容易感染，只要每天溫和清潔，讓粉刺慢慢代謝出來就好了。

4　要提醒大家，有時候狂長粉刺和你**平常過度清潔、對保養品過敏**也有關係，因此選擇溫和的洗面乳和慎選保養品，是很重要的喔！

 哪裡買

GIORGIO ARMANI 亞曼尼
黑曜岩新生奇蹟潔顏乳

 150ml　NT$2950 元

🛒 百貨專櫃、網路都有賣。

② 慎選保養品、化妝品

現在的保養品或化妝品常常講求多種功效，裡面含的成分也比較多樣化，因此更容易造成皮膚過敏。因為在醫美診所工作，很多廠商會請我試用產品，我發現臉部的產品如果香料比較重或是添加物比較多，我一用就會長很多粉刺，然後那些產品就會被我打入冷宮，再也不碰。

我建議大家換保養品的時候一定要仔細觀察自己的肌膚妝況，如果覺得擦了這個保養品讓妳的肌膚狀況不 OK，一定要趕快換回原本適用的產品！我遇過一個客人在周年慶買了一組非常昂貴的專櫃保養品，但是擦了 1 個禮拜後一直狂冒痘痘粉刺，可是她實在不捨得丟掉，又繼續使用了 1 個禮拜，等她來找我的時候，已經兩頰都是閉鎖性的粉刺、下巴和下顎也冒了好多大痘痘！在經過 3 個月的療程後，這些粉刺才有改善，但是下巴的大痘痘雖然消失了，卻造成色素沉澱，整個情況一直拖了快半年才復原，真是得不償失。

最後，就像一開頭所說的，**在 50 歲以前，粉刺問題就是長期抗戰啊！**記得每種產品要給它一定的時間作用，不要用幾天覺得沒效就不用了，肌膚代謝是需要 28 天的！面對肌膚問題一定要有耐心，也一定要忍耐住手癢想擠粉刺的感覺，皮膚才不會越搞越糟喔！♛

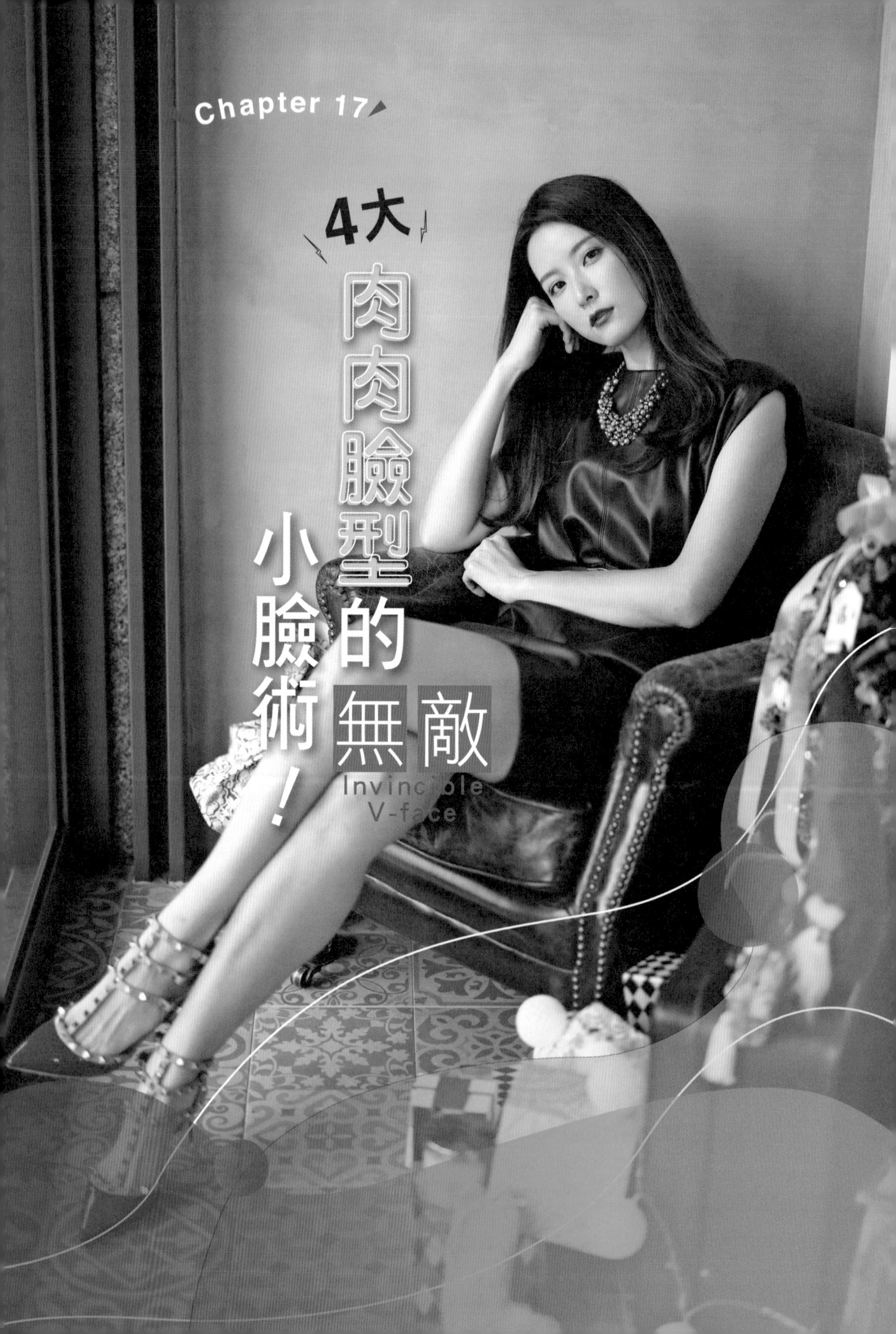

Chapter 17

4大肉肉臉型的無敵小臉術！

Invincible V-face

並非相同的瘦臉療程都能變小臉喔， 搞錯部位根本瘦不了！

　　小V臉、鵝蛋臉大概是現在所有女生都想要追求的吧？我時常遇到想找我打肉毒瘦小臉、看網路說埋線可以讓臉變很V、變成網美錐子臉、還有聽朋友說打音波可以讓臉變超小的……各種想要變小臉的女生！

　　不過，並非相同的瘦臉療程都能變小臉喔！曾經遇到要求打肉毒瘦小臉的客戶，但是她的咀嚼肌很小塊，反而是嘴邊脂肪比較厚，**應該要打音波才會變成小臉！**還有想要埋線的人，但根本問題是咀嚼肌太發達了，**埋線是錯的！**這時候我都必須詳細的跟來看診的人解釋他們的臉型和狀況，幫他們釐清臉型原本的條件和讓臉看起來肉肉的原因再做處理，才能達到好看又自然的小V臉！

Queen's Class
── 女王の快狠準保養教室 ──

　　我通常會把稍微寬大的肉肉臉型分成4種類型：**水腫型、肌肉型、脂肪型、骨骼型**。這4種臉型都會讓我們的臉看起來方方圓圓的，有點寬大、不夠細緻，而這4種臉型都有不同的小臉術來達到我們想要的瘦臉效果。

1　水腫型

　　這種最常見，應該10個女生有9個都會水腫吧！哈

　　水腫的時候不但臉型不好看，氣色看起來也很會很差，我自己也是超級容易水腫的體質！前一天晚上睡不好、吃太鹹、喝飲料都會讓我隔天起床後臉腫到不行！我都會形容當時自己的臉很像泡過水的波蘿麵包一樣！

　　水腫型的臉除了平常飲食要注意外，也可以多按摩，像我自己如果有空的時候也會用指節稍微針對容易水腫的部位加壓按摩，促進循環，讓臉部的水腫消得快一點。

Step 1

首先，我把臉分成三大塊 (上臉、中臉、下臉)，按摩前要先在臉上擦乳霜或按摩油，才不會因為按摩摩擦肌膚而產生細紋。

Step 2

我們先從**上臉**開始 (眉毛之上的區域)，從額頭中央以指關節滑至兩側太陽穴，重複 10 次由內向外滑壓的動作，力道大概有酸麻感就可以了，不要太大力喔！

Step 3

再來按**眼下**，從眼下內側滑至太陽穴，由內向上輕柔滑 10 次即可。

⋮⋮· Step 4

接著是按**中臉**（眼瞼下方顴骨），
從蘋果肌往外順勢滑到耳朵，大
概重複 **10~15** 次。

⋮⋮· Step 5

最重要的是**下臉**，這個下顎線最重
要，我這裡力道會最重。由下巴開
始，用無名指和中指的指節卡住下
顎骨，開始沿著下顎骨一路向上拉
提到耳後，重複 **10~15** 次。

⋮⋮· Step 6

最後來到**頸部**，從下顎開始，
同樣以指節下推到鎖骨的部位
就可以了，推 **10** 次。

4
大肉肉臉型的無敵小臉術！

這個消水腫的**小臉按摩術**屬於救急用的，通常是我早上起床覺得自己臉比較水腫或是當天有拍攝工作，就會在早上邊擦保養品的時候邊做，6個步驟做完馬上就有消水腫的效果喔！之後拍照看起來臉會比較小、也會感覺比較緊實，不過效果不會持續太久，通常像我容易水腫的人只要 mc 快來之前，或是晚上喝比較多水、吃比較鹹，隔天臉就又會腫回來啦～哈哈！

2 肌肉型

這類的臉型會有點像小土撥鼠一樣，腮幫子的部分有凸凸的二塊，這二塊就是我們的咀嚼肌，有些人在晚上睡覺時會磨牙，或是平常愛吃有嚼勁的食物，例如：魷魚絲、珍珠粉圓、口香糖等，或者壓力大時會不自主的咬緊牙根，都會讓我們咀嚼肌越來越大塊，臉型也越來越方了。

這類型的解決方法非常簡單，就是**打肉毒**。我們常聽到的肉毒瘦小臉就是打在這二塊肌肉喔！通常打完1個月之後效果就會慢慢出來了，不過記得要減少咬硬的或有嚼勁的食物，否則咀嚼肌還是會容易跑回來喔！

一般肉毒瘦小臉劑量大約**40-60u**（大概 NT$5,000~10,000元左右）要依照每個人肌肉發達程度不同而定，一般打完3、4週後會看到效果，通常肌肉沒有太發達的人打過1、2次就可以有很好的小臉效果。

這個療程是 4~6 個月打1次，但如果我們維持得很好，沒有特別咬有嚼勁的食物，就可以拉長施打的時間喔！我甚至有一些維持得很不錯的患者是1年才打1次，但每個人維持的時間真的不同，有些人雖然沒有特別愛咬有嚼勁的食物，但是他常常不自主咬牙後根，就必須常常回來打咀嚼肌。

另外，肉毒瘦小臉還有一個要注意的是，因為效果 3~4 週才會出來，常常有些人忘記自己打之前咀嚼肌發達的樣子，然後 1 個月後跟客服人員抱怨說打了都沒效！結果一回診看照片才發現原來臉小了這麼多，自己也很不好意思，因為肉毒的改變是慢慢的，所以打肉毒回診看照片會更準確喔！

③ 脂肪型

這類型通常是天生臉部的脂肪就比較厚，看起來有點嬰兒肥的樣子。這種臉型有時候即使減肥瘦身也非常難讓臉上的脂肪消下去，畢竟**脂肪的分布是先天就決定好的**，有些人就是在臉部、有些人在臀部、有些人在肚子，還是需要靠一些醫美療程來改善臉部的線條。

一般我們會使用**音波拉提或電波拉提**，來達到讓脂肪減少或緊縮的效果，音波和電波是完全沒有傷口的非侵入式療程，療程後大約 1~3 個月會慢慢看出效果。我自己是很推薦脂肪型的肉肉臉打**音波**改善，音波有漸進式溶掉脂肪細胞的效果，很均勻，同時又能讓皮膚緊緻拉提。

不過要注意的是，要有溶掉脂肪的效果，發數一定要夠，不可能局部打個 100 發就可以有很好的溶脂拉提效果！而每個人的發數、能量、探頭深淺的使用都不同，醫師要隨著臉型做調整。另外一個重點是，幫客戶打音波瘦小臉的時候，一定要打到下巴和連接到耳後的地方，只要**下顎線到耳後**這一段皮膚縮緊，臉部輪廓線一出來，**整張臉就直接小 10~20%** 了！

最後，因為音波也是漸進式看到效果的療程，所以施打完 1~3 個月一定要去回診，看照片比對才最準確喔！

④ 骨骼型

　　最後也是最困難改善的，大概就是骨骼型了！因為東方人通常顴骨高、下頜骨比較寬，臉型看起來就會方方正正、大大的。

　　如果要用比較簡單的解決方式，除了**化妝時依靠修容產品**稍微修飾一下，大概就是去醫美施打填充物讓相對凹陷的地方打亮，讓我們的骨骼看起來不要那麼突出，視覺上改善我們的臉型，但如果真正想要改善的話還是必須靠手術的方式。至於施打的填充物、部位和劑量就依照每個人而不同囉，價格通常依照填充物的材質而不同，1cc大約 NT$1 萬 ~3 萬元都有。

　　最後要提醒大家，很多時候我們臉型是複雜原因造成的，比如說同時有水腫但也有肌肉型的問題，或是臉上脂肪厚又合併下頜骨比較寬等等，並非單一原因，因此在施作任何療程之前都需要讓醫生評估、和醫師討論過後才執行。♛

OMG!

女神身材
也有崩壞的
一天 !!

胖胖丸變回瘦身丸的覺醒之路～

Chapter 18

每天 *Morning fitness*
真的狠好瘦！

親愛的，我很想跟你們說：「變瘦超輕鬆，還是可以繼續吃到飽和喝飲料喔！」但這是不可能的！

我也超羨慕那些天生就很瘦、不用刻意節食運動就擁有完美比例的人，還有那些生完馬上就瘦回來的媽媽們！BUT！～～我們天生體質沒那麼好，老天沒眷顧，就只好靠後天多努力了，沒關係～～我們就把減重的苦，當作是享樂偷懶後的還債吧！

我懷第一胎的時候胖了20公斤，還沒有生的時候大家都說：「孕婦本來就是要這樣啊！這樣很美啦，生完就會變回來了啦！」加上老公有嚴格遵守新手爸爸守則第一條：**「時時讚美懷孕的老婆」**因此每天都給我洗腦，說我還是很美，所以我整個人就沉浸在**孕婦胖胖美**的幻想之中。

做完月子之後才發現，根本就沒有變回來啊啊啊！！從**「愛美丸」**直接升級成**「胖胖丸」**！（註：" 丸 " 是我本名的諧音，被朋友當成綽號來叫）到底是哪個缺德鬼騙我？！看著照片裡身材嚴重走山的自己，真有一種全天下都棄我而去的悲傷，眼淚都要掉下來了！

變身 覺醒 ▶▶▶▶ 6階段

⚡ 變身1　看清楚自己走山的身體，去量體重吧！

　　第一步是最難的，不要只是嘴巴上說覺得自己好胖喔！每天嚷嚷著要減肥，但是一天拖過一天，完全沒有實際行動，「啊～今天吃得太飽了，還是明天再開始好了！」、「今天一整天都好累，晚上還是先放鬆一下，明天再運動好了～」、「算了啦！減肥好累，反正穿寬鬆一點也沒關係。」～～

　　大家是不是都有這些逃避的想法，然後繼續怠惰和原諒自己，甚至連量體重的勇氣都沒有！如果真的想要改變，就嘴巴閉起來乖乖的去量體重，正視自己的身體、了解自己身體現在的狀況吧，一定要先了解，才能有所改變！

⚡ 變身2　Follow 一個你喜歡的瘦身專家或社團

　　決心瘦身時，群組效應真的很重要！fb上滿滿都是朋友在餐廳打卡的照片，這樣是要怎麼瘦啊？別人在享受美食自己卻在努力瘦身，心裡那種「全天下都拋棄我」的感覺又出現了！於是決心開始動搖，超想跟著破戒，實在很折騰！

　　最好的方式就是找一個或一群身邊的朋友一起瘦身、互相激勵，一起分享瘦身的計畫和成果。不過有時候找個一起減肥的同伴真的很困難，就像我四周的人都是天生吃不胖的體質，跟她們一起減肥只會**讓自己更想撞牆**而已！所以Follow 一個瘦身群組吧，現在一堆這類社團，可以挑選自己喜歡的來追蹤。

因為人是非常視覺化的動物，如果每天都看到其他人努力運動的樣子，知道大家都是為了相同的目標而努力、有人陪你一起吃苦，這樣瘦身計畫才比較持久，而且看到社團上大家的成果也會更激勵自己不隨便放棄。

我就追蹤了滿多有在運動的部落客，有些是**維多利亞祕密**的 model，看到那些美女名模們明明身材爆好，還是很努力在運動，就覺得安慰許多，**原來大家還是要運動才能維持的啊！**

變身3　運動計劃表

在瘦身期間，最重要的是持之以恆！我建議大家可以做一個計畫表貼在房間牆上，有做到的項目就打勾勾，不但可以提醒自己該做運動了，我們在看到計劃表被勾勾填滿的時候也會超有成就感，更容易持續瘦身計畫。

變身4　晨間 10 分鐘 Morning fitness

我早上起床會花 10 分鐘做一點小運動，早晨運動讓人身心都覺得很舒服，臉上的氣也色會很好，而且早晨運動完會有「OK，**來開始迎接今天的工作吧！**」的感覺，很有活力、很 refresh！

大家可以依照自己想要加強的部位去設計動作，我因為生完 baby 之後覺得肚子比較鬆，所以我的運動會特別針對肚子和臀部來加強。其實每天早上只做 10 分鐘，短期是達不到什麼明顯效果的，主要是用來讓我維持一個「有運動」的感覺和熱度。我覺得瘦身最困難就是持之以恆，如果每天要求運動量很大，真的很難做到，沒多久就會放棄，因此我用很輕鬆的 **10 分鐘晨間運動**來讓自己維持熱度和習慣，時間久了效果就很可觀囉。

我一天的運動大概是這樣的→早上起床做 morning fitness 早安操 5 個 + 伸展拉筋約 10 分鐘。晚上洗澡前做深蹲 + 伸展拉筋，約 50 分鐘。

我大概從第一胎產後 9 個月開始做這些運動，1 週至少 5 天，看起來每天的運動時間好像很短，但其實持之以恆滿不容易的，效果也會漸漸看出來喔。

① 伏地挺身

這個可以鍛鍊胸大肌和手臂力量，上胸和手臂會比較結實一點，由於我手臂的力量不夠，因此做簡單版的伏地挺身，效果一樣好喔。

⋮⋮ START

1 趴下呈跪姿，雙手打開與肩同寬，小腿交叉，膝蓋處彎曲 90 度，腳微微往後抬起，背部呈一直線，用腹部核心出力，臀部不要翹起。

2 身體下壓、手肘打直不彎曲。身體下壓時感覺胸部盡量貼到地板，如果無法貼到地板，就到自己能夠最低的地方就好，然後慢慢用上半身和手臂的力量撐起身體，回到原位。

3 每天鍛鍊 20 下。

② 反式捲腹

這是用來消小腹的運動，我習慣用**反式捲腹**來代替**仰臥起坐**，可以降低對頸部和肩部的壓力。

做著個動作的時候，記得不要把腿甩來甩去，腰會受傷，要慢慢用肚子的力量把下半身抬起來。

1 躺下來，雙腿屈起、腹部收緊，雙手擺放在身體兩側，平貼於地面。

2 腰部稍微離開地面，然後用腹部出力把大腿往上朝胸部方向捲起來。出力時注意要用肚子的力量，大腿要放鬆不出力。

3 每天鍛鍊 20 下。

③ 降腿

　　這也是鍛鍊下腹部、收小腹的動作，我生完之後會覺得小腹比較明顯，所以針對下腹部加強訓練。這個運動重點是上半身要穩固，用肚子的力量慢慢把腿往下放。

∷·· START

1 平躺，上半身不動，將雙腿抬高預備，雙腿盡量打直，也可以在腳踝處夾一顆球。

2 慢慢把腿往下降，注意降到腰快要拱起時就停止。腿下降的時候要慢慢的，抬高時可以快一點。

3 每天鍛鍊 20 下。

4　弓箭步（左、右邊各 10 個）

弓箭步要切記有 3 個直角：上半身跟大腿、雙邊大腿、小腿，這些都要保持直角，施力才是正確的。

START

1 站姿，上身挺直，雙腳打開與肩同寬，一隻腳往前跨出一步。

2 慢慢往下蹲，直到大小腿呈現 **90 度**後，臀部收緊，再用大腿的力量站起來，再換另一腳。

3 每天左、右腳各鍛鍊 10 下。

POINT
1. 做的時候要記得維持大、小腿呈 90 度才是正確的喔
2. 站起來的時候，腳板出力，用大腿的力量站起來。
3. 隨時注意自己的 3 個直角有沒有出現。

5　深蹲

深蹲相信很多人都在做，它主要是訓練大腿和臀部的力量，記得做動作的時候都要**夾緊屁股**，可一併訓練到臀部。

START

1 站姿，雙腳打開與肩同寬，慢慢將臀部往後、往下坐下去，上半身可以微微前傾保持平衡。蹲的時候可以想像自己後面有一張椅子要坐下去的感覺，如果真的力氣不夠、容易不穩，可以靠著牆壁做。

2 一直下蹲到大腿平行於地面，停留約 3 秒，將重心放在後腳跟，用力踩站起來。

3 每天鍛鍊 20 下。

⑥ 伸展拉筋

我習慣用下犬式伸展，這個動作
不只可以拉筋，肩部、腿部後側都可
以伸展到，做完很有放鬆的感覺。

▶ START

1 身體呈跪姿，手掌貼地與肩同寬，腳部維持跪姿打開，膝蓋與臀部同寬。

2 吐氣時抬起下半身，伸直手臂使身體成倒 V 形，腳後跟用力往下踩讓腿部伸直。

3 手掌用力壓向地板將上半身往臀部方向盡量推伸，伸展背部。記得做動作時頭
是自然垂下的、肩頸放鬆，維持姿勢 1 分鐘，緩慢的呼吸。

以上這 6 個**早安操**就是我在生完第一胎之後的減肥法，因為我第一胎小朋友
算是自己顧，大部分時間都在家中，不太可能到外面運動，因此我都是利用每天
一早和晚上小朋友睡覺後花個 1 小時運動。我在第二胎跟第三胎之後的減重方式
又不太一樣了，主要是開始到外面去上健身課和熱瑜珈。

我真的很推薦想減重的人嘗試熱瑜珈，
上課的時候溫度高（空調大約 40°C~42°C）可
以大量爆汗，而且因為很熱，所以必須花更多
的精力在保持動作上，比起一般的瑜珈可以消
耗更多熱量。不過上熱瑜珈的時候要注意一下
自己的身體狀況，如果太不舒服就要停下來，
上完課也要喝很多水，才能達到良好的減重效
果。熱瑜珈和健身課我是交錯上，1 天上熱瑜
珈、1 天上健身課，1 個禮拜總共運動 5 天。

⚡變身5 減肥餐怎麼吃

減重時我會嚴格執行**低碳飲食**，早餐一杯
防彈咖啡，午、晚餐都自己做，午餐通常是生
菜沙拉，晚餐則是跟家人們一起吃，但是不吃
澱粉。水果的部分只吃芭樂和藍莓，如果肚子
有點餓就吃 2~3 顆堅果稍微墊墊肚子。

　　一開始真的會有點痛苦，不過這樣持續 1~2 個月之後加上每天運動，減重的成效很好，而且不容易復胖。我三胎生產前的體重都差不多 80 公斤左右，出月子後大概是 72~74，開始減重 2 個月後大概回到 64 公斤左右 (我身高 176cm)，成效還不錯。

　　回復到 64 公斤之後，我對飲食上就沒有那麼嚴格，可以正常但比較少量的吃澱粉，還是會維持運動的習慣，讓體重慢慢下降一些，配合運動體態也會更好看。

變身6　醫美非侵入式局部塑身

　　就算再怎麼認真運動或按摩，有些地方就是怎樣都無法瘦下來，例如大腿內側、大腿外側的馬鞍肉、腰間肉，這些地方的頑固脂肪真的讓我們很頭痛。以往要消滅這些脂肪通常是靠抽脂手術，傳統的抽脂不但破壞性高、恢復期長，而且恢復期還要穿著塑身衣，這些麻煩的過程都讓人望之卻步。

　　最近醫美推出了很多非侵入性的減脂療程，譬如**冷凍溶脂、標靶震波減脂、聚焦音波溶脂**等。這些非侵入性的減脂儀器的共通點是：恢復期短、不需手術、不會破壞神經血管組織、療程後照護簡單、可針對特定部位的脂肪做改善。

　　不過若是全身性需要大面積減脂的人，可能效果就沒有那麼明顯囉，這些非侵入性的減脂，主要是針對比較表淺的脂肪，可以有效減少脂肪厚度，但是要達到完全沒有脂肪的程度是不可能的！

　　雖然這些非侵入性減脂很方便又沒有恢復期的問題，但是效果跟傳統抽脂比起來還是差了一些，而且這 3 種醫美療程都只能局部雕塑，**不是拿來當做減肥用的**！所以在做這些療程之前要有正確的認知，才不會覺得當了冤大頭。另外，做完這些療程之後如果不節制還是會復胖的，所以還是要依照個人的狀況來配合運動計畫，瘦身的效果才會明顯又持久！

1　產後綁腹帶

　　我覺得有沒有綁腹帶，**肚皮恢復程度真的差太多了！**

　　我是第二胎在月子中心才知道「**綁腹帶**」這個東西，上一胎完全沒綁，生完一陣子後肚子還是滿大的。這次剖腹完 1 週後密集綁 3 週，肚子明顯平坦很多，家人都說我肚子消得很快，剖腹的傷口也不會隨著走路或翻身牽扯到，好處很多。

　　不過要特別注意的是，綁腹帶主要是作用在**骨盆和下腹部**的地方，給予鬆弛下垂的部位一些支撐力，有些媽咪們綁的位置不對，綁在上腹，這反而容易造成子宮脫垂之類的傷害喔！

　　我在月子中心是使用紗布巾材質的綁腹帶，每天綁 2 次，用過就馬上換洗。紗布材質的比較吸汗，也不容易會過敏喔！這個在一般店面很少在賣，因為需別人幫忙操作比較不方便，建議產後媽媽們還是讓專業人士幫忙比較妥當喔！

2　產後塑身褲

　　坐完月子後我就開始穿塑身褲，我沒有特別去量身訂做全身型的塑身衣，因為價格比較高，而且我很怕熱，全身型的塑身衣我會穿不住，我是選擇 **Marena 塑身褲**，這款網路上的媽媽們都很推薦，價格又比一般訂製的便宜很多。

　　生完小朋友的媽媽們肚皮真的被撐鬆很多，我建議**至少穿 3 個月塑身褲**，讓身形比較回復後，穿衣服才會比較好看，不用靠一堆圍巾外套東遮西掩的。

Marena 塑身褲穿起來有彈性但是包覆性很夠，不會勒得很緊不舒服，舒適感和透氣度都是我可以接受的範圍。我是選擇腹部加強的款式，主要是針對肚皮的鬆弛想要加強，但是如果要達到我想要的加強效果，那麼整件塑身褲應該會緊到我不能走路了吧？剛好這一款腹部加強的塑身褲很符合我的需求，在肚子的部分特別用菱形織法加強塑身效果，其他的地方還是維持一般的鬆緊度，穿起來不會不舒服，針對產後鬆弛的肚皮效果很好。

試穿塑身褲的時候，我建議媽媽們要多試穿幾個 Size，找到自己最能接受的包覆度和鬆緊度，因為塑身衣在前 3 個月穿著的時間比較長，效果才會好 (我大概 1 天穿 6 小時)，所以媽媽們一定要多試穿，才能找到自己可以接受的品牌跟款式。

另外，針對鬆弛肚皮的部分，我穿塑身褲之外也會配合**乳液按摩**，3、4 個月後肚皮比剛生完的時候有改善，但我必須老實說，生完的肚皮就是會比較鬆，除非去做醫美，例如**身體的電波或音波拉皮**，否則真的很難回復之前的樣子。

🛍️ **哪裡買**
shopping

Marena 塑身褲

🛒 網路平台和實體店面都有賣，一件大約 3、4 千元，洗的時候就用貼身衣物的冷洗精稍微搓揉一下，晾乾就可以了。

Marena 塑身褲是號稱可以穿著睡覺也沒問題的塑身衣，但我 1 天最長也大概只穿 8 個小時左右。市面上各種不同品牌的塑身褲穿著的方式和時間都不同，媽媽們要記得不管是哪一牌子的塑身褲，都要詳細詢問穿著的方式和時間，不要穿太久反而造成血液循環不良、甚至起疹子喔！

③ 緊實霜加強按摩

產後大約 3~5 天就可以開始針對鬆弛或是有橘皮的地方使用按摩霜了，我是洗完澡後在腹部、腰間肉、臀部、大腿這些地方用緊緻按摩霜配合刮板使用。

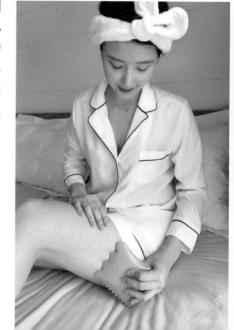

因為剖腹傷口的關係，腹部的力道我會放輕，由外圍往肚臍以畫大圓圈的方式按摩，至於腰間肉和大腿等其他部位，我就不客氣的用刮板狂按了！每個部位大約 80~100 下，整個按完大約 15~20 分鐘左右。我都是洗完澡後在腹部、腰間肉、臀部、大腿這些地方用**緊緻凝露**配合刮板使用，胸部按摩我也是用同一家的產品，成分也是酪梨胜肽、雷公根精華，能幫媽咪們增加胸部肌膚的緊實和彈性，從孕期到哺乳期都可以使用！這些產品在後面的孕婦篇都有介紹，就不再重複了。

④ 刮板

我用的刮板是請一個在ＳＰＡ館工作的朋友代買的，不過我看網路購物很多類似的刮痧按摩板，價格都大概在新台幣 200~500 元左右。我自己比較喜歡刮板旁有不同尺寸的鋸齒狀設計，這樣無論是哪個部位都可以選不同大小的鋸齒來做按摩。大腿的橘皮我會先用大鋸齒深層的刮過一次鬆筋絡，再用小鋸齒刮過一次消表面的水腫。

其實瘦身計畫裡，**減脂增肌**是重點，有時候只是拼命少吃卻缺乏運動，會發現為什麼看起來體態還是不好看？為什麼有些人明明體重滿重的卻看起來身材很好呢？根本原因就在於**體脂率**。減肥重要的不是數字，而是我們的身型有沒有變好看？最好的測試方法就是去試穿無彈性的牛仔褲，如果你的體重沒減少，但是可以穿得下小一號的牛仔褲，那就恭喜你！減脂增肌的目標達成，身材變好、瘦身計畫成功囉！👑

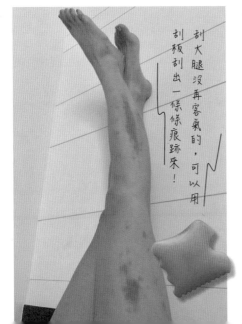

刮大腿沒再客氣的，可以用刮板刮出一條條痕跡來！

Chapter 19

小心！

不要變成

「臉部完美、頸部完蛋」

的年輪美人！

「臉部完美、頸部完蛋」，再美也扣分！

頸部是我們最容易洩漏年齡的地方，但是大家都很在意保養臉部肌膚，保養流程超仔細、保養品很捨得買，卻忽略脖子也需要保養！而且頸紋比臉紋更難處理，一旦頸紋產生後就很難恢復，會一條一條像年輪一樣掛在脖子上，不但容易卡粉，也直接把歲月痕跡大方晾在大家面前，因此頸部保養真的是馬虎不得！

我雖然不是天生頸紋很深的人，但是看過太多**臉部完美、頸部完蛋**的例子，所以一直很重視脖子的保養。臉部還可以化妝蓋一下、修飾實際年齡，但頸部很難，頸部上厚妝只會凸顯頸紋更明顯、甚至卡粉，更糗！

我的頸部保養原則非常簡單，就是**「臉用什麼、脖子就用什麼」**！基本上臉部保養時往下延伸到頸部就沒問題了！平時無論用什麼保養品都會多按壓一次的量帶到頸部，由鎖骨的地方往上輕輕擦上保養品，敷臉時剩下的精華液也會一併擦到脖子上，這樣頸部的緊實度或光澤度都不會跟臉差太多，所以頸部的保養品我沒有特別買，就是臉擦什麼，頸部就用同等的量來擦。

如果你已經是頸紋很深、頸部相當暗沉的人，我建議還是擦一點酸類產品來溫和代謝角質吧，不需要用到磨砂膏喔！請注意！頸部不可以用**身體的去角質產品**！因為頸部皮膚很薄，所以要去角質也一定要使用跟臉一樣的產品。

01 Queen's Class
—— 女王の快狠準保養教室 ——

● 頸紋怎會這麼深？

首先，頸部的皮膚很薄，**厚度其實與眼睛四周的皮膚差不多**，皮脂腺和汗腺的數量只有臉部皮膚的三分之一，皮脂分泌和膠原蛋白含量也比較少，因此難以保持水分，容易乾燥，一旦有各種看似不經意的動作，像是低頭滑手機、常回頭、甩頭動作等，都會讓頸紋加深。另外，由於老化的關係，肌膚無法順利製造膠原蛋白及彈力纖維，**導致臉部下垂、下巴線條消失，臉部鬆垮的皮膚也會加深頸紋。**

頸紋通常有 2 種，一種是**先天遺傳**，有些人因為先天頸部組織比較鬆弛，年輕的時候頸紋就很明顯；另一種是**老化的皺紋**，通常 20 幾歲時開始出現淡淡的紋路，隨著年齡的增加而加深。

02 Queen's Class
— 女王の快狠準保養教室 —

● 害你頸紋增生的嚇人壞習慣

1 常低頭

現在手機、平板電腦盛行，盯著螢幕時頭會不自覺往下，使得臉部的組織往內、往下垂，導致脖頸紋路浮現！另外，長期使用電腦的上班族，如果桌面比較低，導致**常常要伸長脖子**往前緊盯螢幕，長期下來也容易形成頸紋喔！

2 夾著聽筒講電話

有的人喜歡用脖子和肩膀夾著電話聽筒講電話，這樣雙手就可以閒下來做其他的事，這種做法很容易使頸部彎曲、產生頸紋。

3 天生頸部脂肪就比較厚的人

有些人明明臉的紋路還好，但頸部的紋路就超級深，通常有這類頸紋的人是偏上身圓肩、肩頸比較壯而多肉的人，例如歐美明星馮迪索、巨石強森等。

⚡ 超有效 改善頸紋的小動作

我們平時可以利用簡單的小運動來維持頸部皮膚富有彈性，而且可以減少頸部肌肉疲勞。

1 輕輕將頭部往後仰，保持上半身不動，一直到脖子有拉緊的感覺。
2 左右交替輕輕轉動脖頸，使它的側面肌肉充分得到伸展。
3 最後用雙手的指腹從兩側鎖骨向上輕推至下巴，重複做 6~8 次即可。

03 Queen's Class
— 女王の快狠準保養教室 —

● 頸部也要防曬

別忘記，**抗皺最重要的方法就是防曬**！擦防曬隔離霜的時候要一併帶到頸部，頸後也別忘記，以免在妳綁馬尾或梳頭時，被發現有個曬黑曬老、皮膚粗糙的後頸。

我使用的頸部防曬產品也是跟臉一樣：荷麗美加的 2 款防曬，我會擠大約黃豆大小的量擦在脖子上。另外，我的口罩也是買可以遮蓋到頸部的，連頸部後面也不放過，很多品牌都有在賣，**「防曬篇」**會有更完整的說明喔~

小心！不要變成「臉部完美、頸部完蛋」的年輪美人！

Queen's Class

04

── 女王の快狠準保養教室 ──

● 醫美除頸紋

① 局部填充，立即見效

在紋路深的地方局部施打一些填充物，例如**玻尿酸**、**膠原蛋白**等，將下陷的紋路深溝填補起來。而打進去的物質大約 **8~24** 個月就會消失，時效過了之後需要再做下一次的填補。施打的費用會依照選擇的材質、紋路的深淺、需要的量而有所差異，先給醫師評估過需要的量後，才會知道價格，通常大約在 NT$1 萬 5 千 ~3 萬元之間。

② 全面緊緻，需 3~6 個月才會慢慢見效

針對整片脖子的鬆弛施打**電波或音波拉提**，讓頸部的肌膚全面性的緊緻、增生膠原蛋白，除了可以改善頸紋，頸部的鬆弛也一併解決．通常每次會施打 **300~400** 發的電波或音波拉提。電波打下去是熱熱的感覺，一般費用約 NT$2 萬 ~5 萬左右；音波的感覺是刺刺的，一般費用大概也是 NT$2 萬 ~5 萬元。

③ 施打雷射，改善暗沉

頸部暗沉的處理方式和臉部是差不多的，可以施打**雷射**來慢慢改善，但同樣的，如果沒有持續保養，頸部的暗沉還是會慢慢的加深喔！♕

Chapter 20

顏值い女神教你

ㄅㄨㄞㄅㄨㄞ美唇靠保養

暗沉／唇紋

都有救！

通常缺乏水分造成的唇部乾裂，會從嘴唇中央開始，是典型的缺水型唇裂。

看到這裡，臉部保養都講完了～～咦！等等，好像忘了哪裡？怎麼我的嘴唇看起來乾乾黑黑的還脫皮？跟櫻桃小丸子裡的藤木一樣，完全破壞完美臉蛋和妝容啦！怎麼辦？唇色太深、常脫皮、唇紋明顯……也能靠後天保養嗎？

親愛的美眉們，即使每天用功地做足了臉部保養，但是如果唇色不夠粉嫩、不夠ㄅㄨㄞ，那也是功虧一簣喔！

01 Queen's Class
── 女王の快狠準保養教室 ──

● 唇色暗沉的原因

1 天生體質因素→遺傳

我們會受到遺傳影響的東西實在太多了，就連嘴唇的顏色都是基因在管的，因此有人天生唇色就比較深，不過即使是遺傳，只要能好好保養，還是能夠慢慢改善的喔！

2 外在因素影響

要知道我們嘴唇的構造很特殊，跟其他部位的皮膚很不一樣，它不僅表皮很薄，也沒有皮脂腺和汗腺，**算是比較脆弱敏感的部位**，如果有外來的刺激，例如紫外線傷害、卸妝時大力摩擦、化妝品沒有清潔乾淨等，都很容易造成黑色素沉積，變成櫻桃小丸子裡的「**藤木唇**」了。外在因素的影響有 3 種：

⠿ 1 唇部過於乾燥

特別是冬天天氣乾燥的時候，嘴唇容易乾裂、色素沈澱。

⠿ 2 彩妝品中的化學物質累積

有的唇彩含有大量的化學物質，例如重金屬，容易使唇色變深。另外，如果唇彩卸不乾淨，也容易導致嘴唇暗沉。

⠿ 3 吸菸或飲食問題

有抽菸習慣或是長期飲用過量咖啡和茶的人，也會讓唇色變深，而且不只是嘴唇，還會影響牙齒的潔白喔！

③ 缺少足夠的水分

通常缺乏水分造成的唇部乾裂，會從**嘴唇中央**開始，是典型的**缺水型唇裂**，尤其大家常常以飲料取代喝水，但手搖飲和市售飲料含糖量太高，用來補充水分後遺症太多，還是盡量以白開水為主會比較好。我自己是每天一定會喝 **2000~2500cc** 的白開水，出外也都會自己帶著水壺，以確保補充足夠的水分。

④ 牙膏殘留

有些人刷牙的時候習慣讓牙膏殘留在嘴唇上，其實這也會讓嘴唇乾燥脫皮，並且影響唇色。記得刷完牙一定要用清水將嘴唇清潔乾淨喔！

02 Queen's Class
─ 女王の快狠準保養教室 ─

● 預防唇色暗沉、改善唇紋的方法

1 正確去除死皮與角質

切記，**絕對禁止直接把死皮撕掉**！因為這樣會連著健康的部分一起撕掉，一不小心還會受傷流血。此外，也不能用一般的磨砂膏或酸類去角質產品，用這些產品會過度刺激，反而造成嘴唇的紅腫過敏。

當嘴唇乾裂長出死皮時，**我自己是用凡士林來處理**，我會在唇部塗抹一層厚厚的凡士林，並用指腹輕輕按摩，大概過 5 分鐘後再用棉花棒輕輕將死皮去除，清潔完畢後再塗上護唇膏就可以了。

一般我都是 2~3 週才做 1 次這樣的去角質保養，平時唇部狀況還不錯的時候我就直接擦一層厚厚的護唇膏之後去睡覺，隔天早上起床，一些細細的唇紋都會改善很多喔！

護唇膏我是用**杜克 E 極致護唇精華和蕾莉歐 l'erbolario 護唇膏**。杜克的護唇精華擦起來涼涼的，滿舒服，一次擠紅豆大小，均勻地擦在唇部，我都會隨身帶著，想到就擦！而蕾莉歐的護唇膏就是我睡前擦的厚厚的那一層。

顏值い女神教你 暗沉、唇紋都有救！

② 卸妝力道要溫柔

一定要用唇部專用的卸妝產品喔，先把化妝棉沾濕，用指腹輕拍嘴唇，讓卸妝產品跟唇彩接觸，以輕敷 20 秒或繞圈的方式按摩溶解唇彩，再輕輕擦拭嘴唇。

若沒有徹底卸除唇彩，容易造成黑色素沉澱，而卸妝用力過猛或過度清潔，也都會損害唇部肌膚健康，所以卸妝的時候動作一定要輕柔，不要太用力。如果唇紋較深的人，卸妝時可**保持微笑**來輕輕撐開唇部表面，再用棉花棒針對唇紋深、容易卡住彩妝的部分加強清潔，這樣就可以卸得更乾淨！

 哪裡買

L'oreal 巴黎萊雅
溫和眼唇卸妝液

💰 125ml NT$299 元

🛒 網路、藥妝店都有賣。

我都是用 L'oreal 溫和眼唇卸妝液，這個市占率第一名，便宜又好用，大概已經用了快 10 年了！好用的程度不用我多說了吧？使用前要記得搖一搖，讓油水分離的卸妝液混合在一起，才能達到良好的卸妝效果喔！

③ 慎選唇部保養品

要避免嘴唇乾裂，保養很重要，而唇部肌膚構造較特殊，保養時應該使用專用的產品，避免用唇彩或其他護膚品代替護唇膏。不過很多人通常都是嘴唇脫皮了才使用護唇膏，這不是最好的方式，我們不該在嘴唇有狀況時才使用護唇膏，而是平時就要保養。另外，千萬別舔嘴唇，口水非但不能滋潤，只會愈舔愈乾、越容易裂開！

我覺得護唇膏是很好的療癒小物，因為常常在使用，可以準備一些可愛的、自己喜歡的味道，每次擦的時候就會讓女生心情很好！我都是選擇無色的護唇膏，單純就是保濕修護效果，不含唇彩的。我的口袋裡隨時都會擺一支護唇膏，想到就拿起來擦一下。

　　我推薦的護唇產品跟上面去除死皮和角質的一樣，白天的時候用**杜克E極緻護唇精華**，它的質地比較像精華液，我都輕輕擦一層在嘴唇上，這支護唇精華含有雷公根萃取及維他命 B5，擦起來涼涼的很舒服又可以保濕，我平時都用得很習慣。南部的夏天很黏膩，如果白天擦太潤澤的護唇膏，我會覺得不太舒服，講話都覺得嘴巴怪怪的。

　　在冬天或是嘴唇特別乾的時候，我晚上會用**蕾莉歐 L'ERBOL ARIO 護唇膏**厚厚的抹一層再去睡覺，隔天早上起來嘴唇都會非常水嫩有光澤。如果隔天有甚麼重要活動，或是需要擦口紅，我前一天晚上也都會厚敷一層。我去義大利度蜜月的時候買了好多種口味，偶爾可以換換不同的口味、換心情，其中我覺得橄欖口味的滋潤效果最好。

4　多喝水

　　整本書看下來這個關鍵字不知道出現幾百次了 (笑 ~)，要維持每個部位肌膚水嫩，就要補充足夠的水分，嘴唇也不例外，而且只要一缺水，嘴唇就是第一個感受到的部位。

5　改掉不良習慣

　　香菸中的尼古丁會導致黑色素沉澱，所以最好不要抽菸；而茶和咖啡這類容易讓嘴唇和牙齒染色的飲料，也要避免飲用過量。

　　舔嘴唇這類不良習慣更要改掉，經常舔嘴唇，不但無法為唇部補充水分，還會加重乾燥的症狀，長久下來可能就會加重黑色素沉澱喔！

● 快速有效的醫美推薦

① 嘴唇雷射

很多女生有嘴唇暗沉的困擾，嘴唇顏色不好看、嘴角暗沉，其實都可以用雷射來改善。例如**淨膚雷射或皮秒雷射**施打於嘴唇，除了可改善唇色，唇紋和唇溝都能夠比較淡化。

比較麻煩的地方是**我們嘴唇很薄，所以施打的能量不可以太高**，需要大約 5~6 次的施打才會看得到效果。日常維護就多擦護唇膏，療程完約 3~7 天可以上唇妝。

② 豐唇玻尿酸注射

漂亮嘴唇的上下唇比例應該是 **1:1.6**，下唇比上唇微厚一些，笑起來會比較甜美。玻尿酸填充除了臉部之外，在豐唇、改善黯沉和唇紋上也有非常好的效果。另外有些人喜歡像藝人許路兒那樣不笑的時候嘴角也會往上揚這種可愛的唇型，玻尿酸的注射也可以達到那樣的效果喔！

一般療程大概做 1~2 次的注射就可以達到想要的唇型，注射的費用會隨選擇的玻尿酸廠牌而不同，約 1~3 萬元，療程完後約 3~7 天後可以上唇妝。

比較要注意的是，**玻尿酸注射完嘴唇之後要避免太熱的食物或飲料**，因為熱燙會讓玻尿酸代謝的比較快，會影響豐唇的效果喔！👑

Chapter 21

從你最白！

居家無害亮白法

真的可以白回來！

Queen 「一白遮三醜」，連牙齒都適用。

我最怕看到有些女生明明長的很漂亮，但在說話或微笑的時候露出一口黃牙！或是因為矯正完後在牙齒上留下黃黃的斑塊，任憑她的臉再美、身材再好，這樣直接先扣 50 分。

牙齒黃、齒色不均 不但會讓外表扣分，也會讓人覺得你的衛生習慣很差，連內在形象也一起 NG 了。另外，若牙齒不夠亮白，無論擦什麼顏色的唇膏，除非你一直保持閉嘴不笑，否則一張開嘴，唇膏的顏色配上黃牙齒，真的容易讓人倒退三步，因此擁有一口整齊亮白的牙齒，也是非常重要的喔！

我很多女生朋友都有做牙齒美白，尤其現在很流行拍**網美照**，不過一開始她們的另一半都會持反對意見，理由不外乎是：「哎呀，多刷牙不就好了？」、「做那個不會傷牙齒喔？」（奇怪誒～你們一直滑手機打電動，倒是不擔心傷眼睛？），不過他們在了解美白原理和看到效果之後，倒是都很滿意，哈哈～

牙齒美白，不是改變牙齒的結構，而是將牙齒中**有顏色的部份轉變為無色**，達到白皙的效果。但要特別注意的是，坊間有很多來路不明的牙齒美白產品，如果使用不當，是會造成牙齒和牙齦的傷害喔！

造成牙齒變色的原因很多，除了蛀牙或牙齒壞死之外，全身性的因素也會影響牙齒的顏色，例如：**四環素染色及年齡的影響**，這個就無法自己用簡單的方式來讓牙齒變白了！另外，個人飲食習慣像是抽煙、茶、紅酒及深色食物等，也會造成牙齒變色。

要注意喔，不是做完牙齒美白就沒有後顧之憂了，任何美白技術都需要在適當維護下讓效果持久，所以要注意日常生活習慣，才能永保一口白皙閃亮的牙齒。

● 先治療，再美白

在美白之前，本身的口腔問題一定要先處理好，比如牙齦炎、牙周發炎，或有蛀牙等問題，都要先治療後再來做美白。

牙齒美白的方式大致分成 3 類：**市售美白產品、居家牙齒美白（使用診所藥劑）、牙醫診所療程。**

① 市售美白產品

這個隨意逛藥妝店或是網路都有一大堆，有**美白牙膏、凝膠、美白貼片**等。不過市售牙齒美白產品內所含的過氧化物濃度雖然不算太高，但因為沒有附上**客製化的牙托**，無法讓藥劑避開牙齦，也無法讓牙齒有長時間與藥劑接觸的機會，所以容易因為藥劑接觸口腔而造成不適。

也因為藥劑無法附著在牙齒上，美白的效果也沒有那麼明顯。現在雖然有出美白牙托和牙套的組合，不過未必適合大家的口腔弧度，戴起來不但不舒服，美白效果也不顯著。

② 居家牙齒美白

居家牙齒美白是非常方便的美白方法，它比較適合牙齒變色程度不嚴重的人。但是並非隨便去買市售的美白產品，而是透過專業牙醫診所提供的藥劑及訂製的上下牙托，把美白藥物注入牙托中，帶著牙托數小時，持續 2~3 天，就會有明顯的效果。一般而言，居家美白的藥劑濃度約在 5%~15%，黏稠度愈高、濃度也偏高的藥劑，美白效果愈好。

牙醫師會幫我們判斷每個人適合的藥劑濃度，只是這些藥劑必須小心使用，每次擠在牙托上的量要適當，以免刺激牙齦或其他口腔的軟組織。

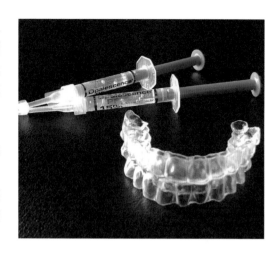

我是使用 opalesc ence 這個牌子的藥劑，濃度有分 5%、10%、15%，可以依照牙齒敏感的程度來選擇，牙齒容易敏感的人，一開始可以選濃度較低的藥劑。

在價格方面，比冷光美白便宜，依照個人牙齒狀況的不同，價格大約在 1 萬 ~2 萬元左右。而因為可以在家自己操作，所以很多人會直接選擇居家式的牙齒美白，不過要注意的是**藥劑濃度的選擇**，如果做完之後牙齒有不舒服和敏感的情形，還是建議停用並且給牙醫師回診喔！

③ 牙醫診所冷光美白

冷光美白是利用波長 400~500n m 的藍光，將塗抹於牙齒表面濃度 20%~38% 的過**氧化物美白藥劑催化**，經由氧化還原作用使牙齒顏色變淡變白。

一般診所冷光美白約可白 8~12 個色階，療程大約 1 個小時左右，結束不久會有一些術後敏感產生，但這種敏感情形大多會在 1~2 天內消失。通常 1 次療程牙齒的白皙程度就會很明顯，之後就的維持就要靠自己的努力囉！

　　另外，現在也多了很多陶瓷貼片、全瓷冠等新的美白療程，建議大家要執行之前都要先和牙醫師詳細討論評估喔！來路不明的美白療程千萬不要嘗試，有些甚至是在一般美容院由並非牙醫師執行的，因為家人是牙醫師，常常聽他們說起類似的案例，明明狀況很不錯的牙齒在外面做完美白療程後琺瑯質被過度破壞，還導致牙齦萎縮、牙縫變大等問題，非常可怕，也得不償失！請愛美的女孩們一定要給專業的牙醫師評估過後才執行，比較安全喔！

　　我自己很久以前做過一次冷光美白，美白的效果很好，牙齒亮白的程度也持續了滿久。不過因為當媽媽之後沒有什麼時間去做療程，現在我都改用居家牙齒美白，在牙醫診所訂做牙托、購買美白藥劑，就可以在家執行了。

　　我通常是晚上戴著睡覺，戴的時間大概是 6~8 小時，一開始的時候連續戴 3 天 (每天更換)，效果非常好，大約白 3 個色階，之後我 2 個禮拜使用 1 次，維持牙齒亮白的程度。有時候戴完牙齒會有酸軟的感覺，我會縮短戴牙托的時間，改成 1 天大約戴 2~3 小時，或是戴 1 天休息 1 天，美白的效果也不錯。

　　另外提醒大家，做完牙齒美白之後要避免直接喝有顏色的飲料，會非常容易染色！真的無法避免的時候就用吸管，不要讓飲料接觸到牙齒表面；另外，吃完東西後如果可以，**要用牙線和刷牙**，不要讓食物的殘渣留在牙齒上，只要平時多注意，牙齒就可以很輕鬆維持亮白喔！♛

每天保養不到**5**分鐘！

打造魅力 男人味

增加自信和求職運！

Chapter 22

男膚多半粗糙、痘痘粉刺、坑疤、膚色暗沈，主要是皮脂線過度活躍和清潔不佳所造成的。

要寫這篇之前有點猶豫，因為大部分的男生根本都不太保養，也不會認真想要保養吧？哈哈～就連我自己的老公、弟弟和爸爸也都是這樣！

在診所常遇到男患者想改善痘痘、痘疤、甚至是點痣或處理曬斑問題，我都會先問一句：「你平時有在保養嗎？有在擦防曬嗎？」10 個有 9.5 都會跟我說沒有！有的還會回我：整天塗塗抹抹不是很娘嗎？（苦笑～）

我可以理解男生不想把精力花在這些事情上，也可能覺得太注重保養不但娘還很浪費時間，所以這篇我一樣是發揮「**快狠準女王**」、「**效率一姊**」的精神，介紹**不到 5 分鐘就可以搞定的保養方式**給你們，或者是給你們的女友老婆，請她們幫忙「督導」一下，不要等大花臉了才來求助。

我最常遇到來求診的男生類型，通常是生活將要轉變的時候，例如：高中畢業要升大學、大學剛畢業要找工作、或是準備升遷或談一筆大生意的青壯年族群，還有找到新伴侶的熟男們。他們最常見的肌膚問題不外是：**粉刺、痘痘、曬斑、臉上的坑疤**等。

男生肌膚受到男性荷爾蒙的影響，皮脂腺比較活躍，會比女生分泌更多油脂，加上表皮層又比較厚，因此多數的**皮膚問題**都是因為**皮脂線**過度活躍和**清潔不佳**所造成的，這跟男生不愛保養、喜歡從事戶外活動、大量曝曬陽光有關，加上大部分男生比較容易流汗，臉上的汗水混合油脂跟髒汙就會進一步引發痘痘粉刺，如果處理不當，臉上就會留下嚴重的凹洞痘疤，不但外觀不好看，也會讓人很沒自信，甚至工作和感情都會受到影響。

但這也是有好處的，由於男生皮膚比較厚，皮膚裡的膠原蛋白也比較豐富，因此**比較不容易鬆弛下垂**！也因為肌膚比較油，臉上的細紋也相對少很多喔！不過，男生常常忽略防曬和保養，加上生活壓力比較大，很容易提前就生較深的皺紋、膚色不均、暗沉、曬斑、老化斑等問題，比如皺眉紋或抬頭紋。

01 Queen's Class
― 女王の快狠準保養教室 ―

● 男膚困擾排行榜

排行1　痘痘、粉刺、滿面油光

男生因為皮脂腺分泌旺盛，引發了油光、毛孔粗大及痘痘問題，所以最重要的保養就是**清潔、角質代謝和除痘**。(可以參考 **Ch.7「痘痘肌」**)

平常要使用一些角質代謝、深入毛孔的成分，比如**水楊酸、杜鵑花酸、A酸**等。另外，記得千萬不要自己擠痘痘粉刺，一定要交給專業的來。如果痘痘真的太嚴重，一定要請醫師看診、吃口服藥改善。其他保養建議，大家可以翻到 **Ch.7 痘痘肌、Ch.5 油性肌、Ch.15 果酸**這些章節，針對保養問題講的很詳細喔！我就不再重複了。

排行2　凹洞痘疤

凹洞痘疤就是皮膚產生的疤痕組織，皮膚底下纖維化了，這真的非常難只靠擦保養品就回復平整的肌膚，我建議處理凹洞痘疤還是要找醫美診所，可以做一些**飛針、飛梭、皮秒蜂巢**等療程，才能真正達到永久改善凹洞痘疤的效果，可以參考 **Ch.14「凹洞痘疤」**。

排行3　皺紋

男生因為生活壓力或是表情比較豐富誇張，又不注重保養和防曬，所以相對於女生比較容易產生很深的**皺紋**。

我建議男生大約從 30 歲開始，可以在自己比較在意的部位稍微施打一些**保養型的肉毒桿菌**，比如：**皺眉紋**(因為皺眉紋容易讓人看起來心情不佳、很難親近，或是給人一種難搞的感覺)、**抬頭紋、魚尾紋**，都是臉部表情肌收縮產生的紋路，我們稱為動態紋，**動態紋是可以靠肉毒桿菌解決的。**

肉毒桿菌施打的過程很快，10 分鐘內就可以完成了。施打的過程中大概就像被蚊子叮到的感覺，加上我們會上麻藥或是冰敷，因此幾乎沒有什麼痛感。

肉毒桿菌對動態紋的效果非常好，我常常說這是 **CP 值最高的抗皺產品，打 1 次肉毒比你擦 10 瓶抗皺產品還有效！**舉個例子來說，針對上半臉 (抬頭紋、皺眉紋或魚尾紋) 的費用大約 3000 元還有找，你買 1 瓶上萬元的抗皺產品都可以打 3、4 次了，而且也不用天天擦擦抹抹，我覺得非常方便又快速有效。

紋路是越早處理越好，動態紋就是做表情肌肉收縮時才會出現的紋路；而靜態紋則是因為動態紋反覆出現造成永久性的皮膚摺痕，就算沒做表情還是會有紋路在臉上，如果表情過於誇張豐富，而且隨著老化肌膚彈性變差，愈來愈難恢復原狀，所以要趁年輕不嚴重的時候就先保養，等到靜態紋出現時就比較難了。

有些男生很在意自己的魚尾紋，覺得那是老化的象徵，不過我覺得魚尾紋會讓男生看起來很有魅力 (**前提是肌膚況狀要顧好**)，每次我都會勸男生魚尾紋是成熟男人的象徵，留著啦！哈哈哈～

02 Queen's Class
─ 女王の快狠準保養教室 ─

● **男膚 3 招自救**

大部分的男生都怕麻煩，不可能像女生一樣擦一大堆瓶瓶罐罐，像我老公只要擦的保養手續超過 3 道步驟，他就開始嫌麻煩～ (拜託～每一道手續才不到 20 秒耶！) 不過因為男生多半屬於油性膚質，和我們比起來，男生的保養其實可以簡化許多，把**清潔、保濕、防曬**這 3 項做好就可以囉！

⚡ 自救1　清潔

　　由於大部分男生屬於油性肌膚，市面上男性專用洗面乳的清潔力也都很強，廣告也大多以清爽訴求為主，而非滋潤，但是請記得我前面提到的，過度清潔會讓角質層受到傷害，反而容易增生更多肌膚問題。

　　我建議男生還是選擇**清潔力適中**的產品，**以次數代替強度**，如果用了清潔力過強的洗臉產品，會破壞皮膚的正常角質，也會帶走表皮保濕因子，肌膚反而容易受到外界刺激而**反紅過敏**，更容易起疹子或長小痘痘。

 哪裡買

日本高絲　雪肌粹洗面乳

💰 80g　NT$200 元

🛒 藥妝店、網路或代購。

　　因此，男生除了早、晚各清潔 1 次外，也可以在中午或下午增加 1 次洗臉的次數。記得洗臉一天盡量不要超過 3 次，洗完可以擦清爽的保濕產品補充水分。

　　男生的清潔產品我推薦**雪肌粹洗面乳**，之前我在日本的 7-11 買的，1 條不到台幣 200 元，現在台灣很多網路都有賣，也有很多賣家在代購，不用去日本買了。這條用量很省，只要一點點就可以搓出很綿密的泡沫，洗完臉也不會緊繃，很乾淨股溜的感覺，我們家的男生 (爸爸、弟弟和老公) 都是用這條，便宜又好用。

　　弟弟和老公是夏天的時候早、晚使用，如果真的比較熱、出油量比較多，中午或下班回家後會再用洗面乳洗一次，把外面的髒汙和過多的油脂清潔掉。如果冬天比較乾冷，早上就只用清水洗臉，晚上再使用洗面乳即可。

　　爸爸因為年紀比較大，出油量沒那麼多，所以平常都是晚上洗澡的時候才用 1 次洗面乳。如果有外出運動或打球，回家時會再用洗面乳清潔 1 次。

另外，建議可以 1 週 2~3 次使用**深層清潔的泥面膜**，來達到清潔毛孔、去除多餘油脂的功效，或是用**酸類產品**來去除皮膚表面的老廢角質，減少痘痘和粉刺，這些是針對男生油性肌膚的保養之道。

南臺灣的夏天是很悶熱的，我的皮膚在夏天也會有出油的問題，然後粉刺就會開始長滿 T 字部位了！夏天的時候，我偶爾會用**泥面膜**，而老公如果出油比較明顯，我會 1 週幫他敷 1 次。

 哪裡買

orenzi 歐倫琪草本粉刺泥膜

💰 350g NT$880 元

🛒 網路就買得到。

泥面膜主要是幫我們做深層清潔和控油，它的吸附性強，可以深入皮膚去吸附毛孔內的髒汙和油脂、淨化毛孔、減少粉刺和痘痘的生成。泥面膜我推薦台灣製的**歐倫琪草本粉刺泥膜**就滿好用的，控油潔淨效果很好。一般男生可以局部敷在容易長粉刺的地方，停留大概 15 分鐘之後洗掉。

這瓶是純植物萃取，使用法國火山泥膜，裡面含薰衣草、杜松、蒲公英的成分，能夠抗發炎、減少油脂過度分泌、加強油脂的代謝，一開始的時候可以連續敷 3~5 天，會覺得粉刺有冒出頭的感覺，繼續敷之後粉刺自己會慢慢代謝掉，臉就會變得細細滑滑的，不會有粉刺的顆粒感。

這瓶我覺得很棒的地方是沖洗超快，我以前用的泥膜都很難洗掉，但這瓶不會！清水沖一下就可以洗掉了，很方便，我推薦給我朋友和她們老公敷，他們都覺得效果很好 (如果有認真敷的話 ~)，一般男生如果比較偷懶，也可以夏天覺得自己粉刺比較多的時候用就好了，等粉刺狀況穩定就回復一般的保養程序。

我自己膚質是混合肌偏乾性，這類的泥面膜我都在洗澡時順便敷，洗完臉之後就敷上厚厚的一層，等洗好澡時一併沖掉，大概在臉上停留 10~15 分鐘左右。因為洗澡時有蒸氣，泥面膜比較不容易乾掉，對皮膚的刺激比較小。

敷完泥面膜之後，皮膚馬上會變得比較乾淨白亮，鼻翼兩邊或兩頰粉刺比較多的地方也都會被吸附到皮膚表面，我會用粉刺夾把浮出來的粉刺夾掉。

有些人敷完會有臉比較乾、緊繃的感覺，我敷泥面膜做深層清潔後一定會**加敷 1 片保濕面膜**，用泥面膜就像幫臉大掃除，肌膚是最好吸收水分的，之後再上保養品會感覺很快就吸收了！用完泥面膜加上簡單的保濕產品後，臉會很淨白，很像日本廣告的女星一樣。

 保濕

一般男生的臉本來就比較容易出油，保濕基本上很簡單，把水補足就好！不用像女生一樣擦很多霜啦、油啦或是精華液，只要洗完臉後擦上乳液就可以了，除非是真的冬天比較乾的時候皮膚有點緊繃不舒服，才要特別做另外的護理。

我會建議男生把保養的手續簡單化，**選擇多功效的產品**，比如像我老公會長痘痘粉刺，那他就選痘痘粉刺用的乳液，可以保濕也可以抗粉刺、抗痘痘，不用擦那麼多層。

如果是一般的乳液保養，我會推薦男生用**杜克 E 活顏精華乳**，這瓶就是大家熟知的**杜克胖胖瓶**，是非常清爽的乳液，而且一瓶 100ml 非常划算好用，擦了很好吸收又很清爽，很適合沒有耐心按摩吸收的青春期小朋友或是男性族群喔！

胖胖瓶乳液的質地完全不黏也不油，也非常推薦油性肌、混合偏油性肌使用，每天早晚洗完臉後擠大約 10 元硬幣大小，全臉塗勻就可以了。

老公的防曬乳我是選擇**荷麗美加的上麗高效DD潤澤水防曬**。因為它是凝膠式，質地很清爽，擦上之後只要稍微推勻就會吸收，同時有化學性和物理性的防曬效果。

這瓶 SPF 有達到 50，但是清爽不黏膩，男生擦完臉不會油膩膩的不舒服，而且 SPF50 的防曬性很強，很適合男生在戶外活動的時候使用。我出門前會幫老公擦 1 次，大概過 3~4 小時會再補上一層，因為這瓶沒有防水（通常防水的會比較厚重黏膩，老公不太喜歡），如果是出去玩或打球很容易流汗，老公會先洗完臉後再補上一層。如果是無法洗臉的狀況下，我就用濕紙巾把老公臉上的汗水和髒汙擦掉後，再上一層防曬。

03 Queen's Class
― 女王の快狠準保養教室 ―

● 不到 5 分鐘的日常保養

我幫老公選擇的保養品非常簡單方便，我老公是偏油性的混合肌，清潔完畢後他會先噴**理膚寶水的溫泉噴霧**當作**化妝水**，夏天的時候就擦 **Nucelle 杏仁酸高效煥采精華露**，這瓶是精華乳型式的杏仁酸，男生油性肌膚或痘痘肌就很適合擦這瓶做為日常的保養，早、晚各 1 次。這瓶的親膚性比較高、對皮膚比較溫和，因為酸類的產品通常是比較刺激的，做成乳液狀可以減緩我們在使用上的不適。

另外，粉刺長得比較多的時候，他會增加**理膚寶水水楊酸 0.5% 淨痘無瑕調理精華**。這瓶含 0.5% 水楊酸，質地也偏精華乳。水楊酸屬親脂性，能夠深入毛孔、代謝老廢角質和油脂、抗發炎，對導致痘痘的痤瘡桿菌也有很好的殺菌效果。在夏天容易長粉刺的時候，老公都會直接把這瓶拿來當杏仁酸精華液後的乳液使用。

目前 2 項產品用起來，老公的皮膚越來越好，不太長痘痘了，臉看起來也都很亮，我的姐妹都會稱讚他的皮膚變得很好！～你們看，是不是一天不用 5 分鐘，也沒有要你們塗一堆產品在臉上，效果就很好了！♛

 哪裡買

理膚寶水 淨痘無瑕調理精華
（水楊酸 0.5%）

💰 40ml NT$950 元

🛒 網路或藥妝店、醫美診所都有賣。

 哪裡買

皙斯凱 Nucelle
高效煥采精華露（杏仁酸 10%）

💰 30ml NT$2400 元

🛒 特定醫美診所或網路平台有販售。

Chapter 23

孕媽咪的終極保養

妊娠紋、孕斑

Part1

孕期長斑、長紋好崩潰！
美白防曬 + 孕膚好物能改善～

記得自己還是學生的時候，有一次跟 Maggie 姊聊天，我說我覺得女人最漂亮的時候就是懷孕了，常常在路上看到大肚子的媽咪都覺得她們好美！Maggie 姊聽了之後毫不客氣地給我當場捧腹大笑，說：「妳就是沒懷過孕才會這樣說吧？」

現在我自己經歷了 3 次孕期，終於能理解 Maggie 姊在笑什麼了！真不知道我以前在想什麼啊？**懷孕的時候大概是最狼狽的時候了吧！**冬天大肚子倒是還好，衣服穿得厚，該遮的都可以遮，夏天懷孕就真的是噩夢！我非常怕熱，懷孕又胖很多、一直流汗，衣服怎麼穿都不像明星藝人那樣散發出母性美啊！發覺自己以前真的是天真到不行，不知道懷孕的媽咪們有多辛苦和忍耐！

懷孕過的媽咪們都有大同小異的問題，例如長孕斑啦、四肢水腫啦、脹氣、妊娠紋等等等等，至少可以講出 50 種以上因為懷孕而造成的不適和問題！

其中我自己最擔心的就是長妊娠紋了，妊娠紋除了和體重變化有關之外，體質遺傳也佔了很大一部份，通常媽媽會長妊娠紋，女兒懷孕時也容易長紋路，不過就算媽媽沒妊娠紋，女兒也不能太大意！因為遺傳佔了很大的因素，Maggie 姊生我們 3 個後妊娠紋的情況很嚴重，我記得自己小時候問過 Maggie 姊肚子上面那是什麼啊？ 想當然 Maggie 姊沒好氣地說：「就是生你們才這樣的啊！」༉

因此妊娠紋這個部分我就會特別注意，在每次懷孕初期都狂擦妊娠霜，一直維持到產後 2 個月，在這樣的努力之下，雖然生完 3 寶還是長了一些妊娠紋，但至少已經比我預期中好很多了！接下來跟大家稍微介紹一下妊娠紋分哪 2 種，還有它的預防方法喔！

● 可怕的妊娠紋

1 紅紋和白紋

妊娠紋分成 2 種：**紅紋和白紋**。懷孕時因為皮膚張力增加，使得彈力纖維及膠原蛋白斷裂，皮膚表面就會形成長條狀粉紅色的紋路，隨著時間增加會增長、變寬，並呈現出紫紅色的紋路，這就是**紅紋** (striae rubrae)，**大概就是我們一開始發現紋路的時候的樣子，一發現就要趕快擦妊娠霜，多半都還來得及！**

大約在產後 6 個月開始，斷掉的膠原蛋白會開始修復，紋路會慢慢變淡呈現銀白色，這個就是**白紋** (striae albae)。通常是坐完月子之後會慢慢發現變成白紋了，它多半會一直在身上，除非特別用除紋霜或醫美來改善，不過改善程度還是有限，不太有辦法變回原來的樣子，頂多變得不那麼明顯而已，**所以妊娠紋最重要的還是預防喔！**

2 妊娠紋的形成

妊娠紋跟遺傳有很大的關係，因為每個人天生的結締組織伸展性和耐受度都不同，通常媽媽有妊娠紋，女兒有妊娠紋的機率很高。我身邊同時有好多同事懷孕，其中有一個同事都沒擦任何乳液或妊娠霜，但是她一條妊娠紋都沒有！反觀我們其他擦得很勤的媽咪們，肚皮上反而爬了一堆紅色的小蚯蚓，所以我非常能體會到**遺傳（體質）**的重要性，哈哈！

另外，如果懷孕的時候體重增加太快或太多，因為皮膚所承受的張力過大，也容易有妊娠紋喔。還有一個原因是因為媽咪們在懷孕時容易**水腫**，皮膚在水腫的腫脹和對比之下，妊娠紋就又更明顯了！

③ 妊娠紋救急處理

妊娠紋要處理得好、減少紋路，要把握一個原則：**「預防勝於治療」**！因為膠原蛋白一旦斷裂，就會產生疤痕和皺紋了，這些疤痕不太容易自然消失，所以預防它長出來就很重要了。

預防的方法首先就是要控制體重囉！千萬不要突然胖得太快，最好是像媽媽手冊建議的：「整個懷孕的過程，體重增加宜為 **10~12 公斤**左右。1~4 個月：**1~2 公斤**；5~7 個月：**5~6 公斤**；8 個月 ~ 生產：**4~5 公斤**。」

再來就是要均衡飲食，多補充一些**蛋白質和維生素 C**。懷孕時蛋白質的部分我就**多吃魚肉和喝豆漿**來攝取，後期也喝**滴雞精**來補充養分。補充維生素 C 就是**多吃水果和孕婦維他命**，要記得不是拼命吃豬腳就可以有膠原蛋白，還要補足**維他命 C**，才能幫助膠原蛋白的生成。

最後，最重要的是肚皮的**按摩和保濕**！孕媽咪們一定要記得每天按摩！我通常是在洗完澡後，在肚皮、乳房、大腿和腰部的地方，由下而上、由內而外的畫圓圈按摩，每次至少 15 分鐘左右。

我在孕期開始的前 3 個月使用的是**妊娠霜**，到懷孕 6 個月就換成滋潤度更高的**妊娠油**。因為後期肚子變大得很快，一定要改成滋潤度高的油狀產品，保養和保護力才夠。懷孕初期和中期是**早上使用妊娠霜、晚上用妊娠油**，但因為遺傳了 Maggie 姊非常容易長妊娠紋的體質  在進入懷孕後期就改成**早晚都使用妊娠油**。

另外，針對腰際兩側這些容易長紋路的地方，除了早晚擦妊娠油之外，我還加入了強效的**妊娠精華液**來使用。我懷 3 胎都固定使用的妊娠紋產品，就是**法國 Mustela 慕之恬廊的慕之孕**系列，我用的產品有 3 種：**孕膚霜、孕膚油、撫紋菁華**，分別在不同的孕期使用。這 3 種產品的吸收都非常快速，很適合沒時間慢慢按摩、等它吸收的忙碌媽咪們！

　　我是偏乾性肌膚，懷孕後常常覺得被撐大的肚皮、胸部和大腿都會很癢，一定每天都要擦妊娠保養品！**慕之孕孕膚霜**主成分除了專利「酪梨胜肽」能夠提昇肌底保濕、舒緩搔癢緊繃的不適感外，另 2 個主要抗紋路成分「羽扇豆醇」及「阿拉伯半乳聚糖」，可以提升肌底彈性、有效預防妊娠紋的產生，還添加乳木果油和蜂蠟，延長保濕效果。

　　懷孕後期我會加入**慕之孕孕膚油**一起保養，這瓶妊娠油的吸收非常快速。無論是孕膚霜或是孕膚油，我擦的方式都差不多，先擠出 50 元硬幣大小的量，接著從肚臍下方開始畫圓圈按摩到肚皮中央，另外再各使用 50 元硬幣的量擦左右兩邊的肚皮，整個肚皮擦完孕膚油並輕柔按摩吸收之後，針對容易長紋路的地方再多塗一點、重複按摩。

　　而**撫紋菁華**主要是針對已生成的紋路加強修護，可以搭配妊娠霜或妊娠油使用，我自己是習慣搭配妊娠油。它主要成分除了專利的「酪梨胜肽」(能夠加強保濕、舒緩搔癢不適的感覺)之外，還添加了維他命 B5、葡萄糖酸鋅和葡萄糖酸銅，幫助已經生成的細紋做修護。我通常是整個肚皮擦完妊娠油、按摩吸收之後，再針對容易長紋路的地方加強塗抹這瓶撫紋菁華。

 哪裡買

慕之孕　孕膚霜
 150ml　NT$1350 元

慕之孕　孕膚油
 105ml　NT$1000 元

慕之孕　撫紋修護菁萃
 45ml　NT$1200 元

🛒 官網、藥妝店或網路平台都有賣。

● 孕斑

懷孕時**臉上肌膚變得暗沉、開始長斑**，怎麼辦？這真的是讓孕婦們非常崩潰的問題之一！

由於荷爾蒙的影響，黑色素細胞的活性上升，皮脂腺分泌也變得旺盛，讓孕媽咪們臉上因出油後混合空氣的髒污，看起來肌膚暗沈蠟黃，加上兩頰的孕斑開始出現，**整個人看起來就是一直往黃臉婆的路上邁進！**

懷孕時身體各部位都會有暗沉、色素沈澱的問題，除了臉部之外，常見的部位還有**腋下、腹部中線、大腿內側**等區域，但通常這些部位的色素沈澱都會隨著生產完後慢慢淡掉，只剩下臉部的孕斑還困擾著媽咪們。

由於臉部是最容易曬到太陽的部位，孕期活躍的黑色素細胞加上紫外線的刺激，讓媽咪們稍微曬到太陽或是生活作息不正常，即使該做的、該抹的防曬都做了，但孕斑還是一直冒出來，甚至生完後還有變嚴重的跡象，實在好崩潰！

因此，預防孕斑最重要的就是**防曬！**特別是像我一樣在夏季懷孕的媽咪們，遮陽帽、大口罩、袖套、洋傘，一定是出門必備的工具！（請參考 Ch.10「**防曬篇**」）

另外，孕媽咪們要依自己的工作場合適度補擦防曬產品。比如我是在診所工作，工作環境和一般上班族很類似，我是一早起床就會擦上防曬，大約 3~4 鐘頭補一次。但如果是跑業務，或是工作環境很容易流汗或受到陽光曝曬的媽咪們，就要增加自己補防曬的次數喔！

防曬一定要先做好才來談美白！由於孕期黑色素生成很旺盛，加上南部太陽很大，我很怕長孕斑，除了徹底防曬之外，還加了美白產品在日常保養中。**我是選擇傳明酸做為預防斑點的保養**，針對已經形成的黑色素，則是用**維他命 C** 來淡化色素。

　　我雖然是不太長斑的體質，但是我每天要載孩子上學、買菜、中午太陽正烈的時候出門上班，相對來說曬太陽的機會是很高的，雖然我平常防曬做得很足，但在懷第二胎的時候剛好是夏季，紫外線很強之外還容易流汗，防曬很容易掉，因此孕期中我還是在臉頰上微微的長出一小片大概 **2cmX1cm** 的孕斑．孕期也沒辦法打雷射除斑，我自己就每天早晚在孕斑的地方加強擦**維他命 C 精華液**，萬幸的是這樣持續擦下來斑沒有變深（大家要知道，由於荷爾蒙的因素，孕斑在孕期沒有變深就已經很好了，不太可能會在孕期變淡喔），然後做月子時我也持續針對這塊斑擦精華液，後來我坐完月子，它們自己就不見了，可見真的有效！

1 荷麗美加　上麗高效 DD 潤澤水防曬
2 Chanel 珍珠光感淨白防曬隔離凝露

孕媽咪的居家美白產品使用上要特別注意，有些美白成分要避免，例如：**A 酸、A 醇、對苯二酚**等。可以選擇含有**傳明酸、維他命 C、麴酸、熊果素、杏仁酸**等安全的成分，做為日常美白淡斑的保養。媽咪們可以視自己的膚況選擇適合的美白產品，像我自己是傳明酸、左旋 C、杏仁酸交替使用。

通常我不太建議孕媽咪以雷射的方式處理斑點，無論是哪種雷射。首先，因為擔心孕媽咪們因為疼痛或緊張而造成宮縮，給肚子裡的小寶寶帶來風險。再者，由於荷爾蒙的關係，打完雷射後很容易造成色素沈澱（俗稱反黑）的情況，因此建議孕媽咪還是生完之後再施打比較保險喔。

孕期的防曬和底妝我以這 2 瓶為主：第一層擦荷麗美加防曬凝膠，這瓶經過測試對紫外線防護力非常好！擦上去非常輕透不厚重，我用來做防曬的打底。第二層上 Chanel 妝前乳，這瓶我用超過 10 年了，除了加強對紫外線的防護，對膚色提亮和改善膚色不均的效果很好。

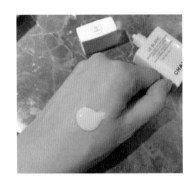

3 DMS 微脂囊傳奇淨白精華液

傳明酸除了能美白之外，也有抗發炎的效果，因此無論何時使用都很適合！而 DMS 的傳明酸是以微脂囊包附有效成分的方式來加強吸收，我每次大概使用 2 個滴管的量，在化妝水後全臉塗抹，不太需要按摩就會完全吸收了！除了孕期之外，這瓶也一直是我平時美白保養的愛物之一。

4 DMS 微脂囊左 C 精華液

這瓶是維他命 C 的精華液，維他命 C 能夠將已經形成的黑色素氧化，幫助我們達到美白的效果，懷孕的時候，我是用大概 1 個滴管的量，在使用傳明酸精華液後，再局部加強擦在容易長斑和色素沈澱的地方，例如：顴骨、兩頰和下巴處。要特別注意的是，盡量在開封後 1~2 個月內用完，否則容易變質！

QA Dr.丸美醫 有問必答

Q1 已經長了妊娠紋怎麼辦？

A 媽咪們可以選擇含有雷公根、乳木果油成分的除紋滋潤產品來改善妊娠紋喔。另外，有些媽咪很著急的問我有沒有醫美療程可以幫忙處理妊娠紋的？其實醫美針對妊娠紋的療程通常要半年~1年的時間，因為時間很長，所以會建議媽咪們除非妳不打算懷孕了，或是懷孕間隔的時間有2年以上，再來醫美做處理會比較好，不然就白弄了。對了，**孕期盡量不要做醫美療程喔！**

Q2 我的體質容易長妊娠紋，那是不是都不用保養了？反正效果也不大！

A 千萬不要這樣想喔！做好妊娠紋的預防是會有效減少妊娠紋的嚴重程度的。

妊娠紋的嚴重程度假設是1~10分，在我們的保養預防之下，可能只會長到5分，甚至是3分的程度，我自己就是很好的例子，Maggie姊懷我們時妊娠霜還不是很流行，所以她幾乎沒在保養，因此妊娠紋很嚴重，但因為我知道我們家是容易有妊娠紋的體質，懷孕時我就很認真的擦妊娠霜和妊娠油，所以我的妊娠紋比Maggie姊的少很多！

Q3 醫美處理妊娠紋有效嗎？

A 針對紅紋的部分我們可以用**染料雷射**來處理，不過染料雷射只能淡化顏色、無法改善凹痕。

另外，白紋的部分就用**汽化式雷射**（例如飛梭雷射），在妊娠紋的表皮做微創的破壞，再經由熱效應刺激真皮層膠原蛋白增生，來達到淡化妊娠紋和改善凹痕的效果，一般大約需要做3~5次，紋路才會有一定程度的改善，要完全變不見是很困難的喔！因此還是老話一句：「預防勝於治療」，最好的方式就是孕期時跟我一樣認真保養、不偷懶！♕

Chapter 24

孕媽咪的終極保養

出油冒痘、化妝和染髮

Part 2

國外研究發現，有加上雙氧水處理的染髮劑比較有致畸胎的可能性。

孕婦也要美美的！我爸媽那個年代的女人懷孕好像就要躲起來，衣服也都要穿寬鬆的，盡量不讓人家發現懷孕了。現在時代不一樣了，街上很多孕婦挺著肚子四處趴趴走，孕婦們（包含我自己）也很習慣穿著顯肚子的合身衣服出門，打扮得漂漂亮亮的，無論是去工作或是逛街吃飯，都跟往常一樣（只是我爸媽看到還是有點不習慣就是了），Maggie姊在我孕期看到我穿合身的裙子，還會碎唸要我趕快把裙子換下來，不要憋死她的孫子了！

有一次孕期和我爸媽一起去度假，我爸看到我大肚子還穿著比基尼出現在泳池邊，也是嚇一大跳說：「那嘸ㄗㄨㄟ郎有身攔安內親？！」（翻譯：怎麼有人懷孕還這樣穿？！），不過後來多看幾次，他也只好見怪不怪了，哈哈哈！愛美是沒問題，但是孕媽咪們在愛美的同時，還是有些事情需要注意喔。

產後媽咪們最擔心的問題之一，就是**腹部鬆弛**了！經過懷胎10月，孩子在肚子裡漸漸長大，我們的肚皮也被撐大許多，甚至有些媽咪的肚皮上還爬滿了妊娠紋。由於身體恢復的速度還沒有這麼快，媽咪們生完後卻還像挺著4、5個月的孕肚，真的很困擾，想要腹部緊實，在**Ch.18 減肥篇**有寫喔，我真心覺得有沒有綁腹帶，肚皮的恢復程度真的差太多了！想了解的媽咪們趕快往前翻到**減肥篇**去看，我就不在這裡重複了！

01 Queen's Class
― 女王の 孕媽咪終極保養教室 ―

● 出油冒痘

由於孕期的荷爾蒙變化，皮脂腺會分泌旺盛，使皮膚容易出油暗沈，加上天氣炎熱，孕媽咪們開始出油、毛孔粗大。

　　尤其只要氣溫上升 1 度，皮脂腺的活性也會多 10%；皮脂腺的分泌量增加，臉上的油脂混合著汗水、彩妝和空氣髒污，痘痘和粉刺的問題也漸漸浮現！

　　我是混合偏乾性肌，夏季 T 字部位也容易長粉刺，加上懷孕的關係，開始容易出油、皮膚變得粗糙暗沉，因此懷孕時我也會特別注意抗痘和粉刺的處理。

　　一般常見的抗痘、抗粉刺成分有 A 酸、水楊酸、果酸、杜鵑花酸等，但因為懷孕的關係，**A 酸這個成分是要避免使用的！**孕婦健康手冊中也提到：「懷孕期間可使用含果酸或水楊酸的保養品，但不適合進行高濃度的化學換膚。」

　　一般 A 酸常見於美白或是抗痘的產品上，分成口服和外用 2 種，孕媽咪們在購買時要特別注意一下保養品成分，而最常見的 A 酸產品就是 Differin 痘膚潤了！研究顯示，**口服 A 酸**有可能造成胎兒先天缺陷；至於**外用 A 酸**雖然並沒有準確的研究證實在皮膚上使用會對胎兒有害，但由於口服 A 酸確定會有致畸胎性，所以為了小心起見，醫師通常會建議孕婦也盡量避免使用外用 A 酸類產品。

　　口服 A 酸大多是診所的痘痘用藥，通常用於治療嚴重的痘痘，需要經由醫師處方才能使用，孕媽咪們在看診時記得告知醫師自己已懷孕，醫生就知道要避開 A 酸了。妳可能會問：「那孕媽咪長痘痘怎麼辦？」別擔心，如果孕期想要美白或抗痘痘粉刺，還是有很多其他成分可以代替 A 酸了！

我會建議孕媽咪們可以在日常保養中加入果酸、水楊酸產品，促進皮膚的角質正常代謝，也比較不容易長痘痘喔！所以我在孕期卸妝洗臉後，會以「**化妝水→杏仁酸精華乳→水楊酸淨痘精華**」這個程序來預防並對抗痘痘。

　　懷孕時我主要是使用**皙斯凱高效煥采精華露（杏仁酸 10%）**和**理膚寶水淨痘無瑕調理精華（水楊酸 0.5%)** 這兩種產品來對抗痘痘粉刺。皙斯凱這瓶是杏仁酸也是果酸的一種，這瓶我用很久了，冬天會擦在局部容易長粉刺出油的部位，例如**下巴、鼻翼**，夏天則是**全臉**使用。

　　一般的杏仁酸都是做成精華液、比較水狀的質地，但這瓶比較特別是**精華乳**的形式，也另外添加海藻精華，保濕度比較高也比較溫和。通常使用杏仁酸容易有刺激、脫皮、脫屑的問題，但這瓶精華乳狀的杏仁酸對於發生這類情形就降低很多。

　　理膚寶水這瓶本來是我買給老公當直接乳液使用，因為男生本來就比較容易出油，但懷孕之後我出油的狀況變得很明顯，因此在孕期也跟老公一樣**把乳液換成這瓶調理精華**。

　　水楊酸是親脂性成分，能夠深入毛孔中代謝老廢角質和油脂，也能抗發炎，另外，針對致痘的**痤瘡桿菌**也有很好的殺菌效果，這瓶抗痘精華裡面含 0.5% 水楊酸，質地也是偏精華乳的形式，我和老公是直接把它當乳液使用。

　　一開始使用這些抗痘和粉刺產品會覺得粉刺痘痘變得比較明顯，別擔心，大約過 1~2 週膚質就會慢慢改善，不過要特別注意的是，因為這 2 瓶都是酸類產品，對於出油情況不嚴重、或是肌膚比較敏感的人，在使用上就要特別小心！若有紅腫刺癢不適，或是肌膚太乾燥的情況，就要停止使用並至診所就診喔。

02 Queen's Class

— 女王の 孕媽咪終極保養教室 —

● 孕婦化妝 & 染髮

1 孕婦可以化妝嗎？化妝品會有致畸胎成分嗎？

之前有一篇新聞報導，美國一位很有名的化妝師疑似因為長期接觸化妝品等加工產品，身體含有多種重金屬成分，導致她出現掉髮以及失憶的狀況，讓孕媽咪們人心惶惶，擔心是不是懷孕之後就不能化妝了？

其實，我們衛生署針對化妝品內的重金屬含量都有一定的規範，例如：鉛和鎘不得超過 20PPM、砷不能超過 10PPM。上面提到化妝師的例子，因為化妝是她的工作，會長期又大量的接觸到這些化妝品，加上有些產品可能超出規定的濃度，才會導致這種情形！只要我們是使用經由衛生署認可的產品、又沒有大量使用，基本上媽媽們就不用太擔心囉，像我自己懷孕時還是天天化妝的，**懷孕時期也沒有特別更換品牌，就是延續孕前的化妝品繼續使用。**

TIPS

我建議孕媽咪化妝時要有幾個原則：

1 以淡妝為主，除非重要場合，盡量減少濃妝的次數。

2 回到家後盡快卸妝，卸妝也要徹底。

3 如果有擦口紅，一定要在用餐前把口紅擦掉，不要吃下肚。

4 不在網路上買一些來路不明的化妝品，真心覺得非常不保險，假貨和成分不好的非常多！

2 孕媽咪可以染髮嗎？市面染髮劑都很毒嗎？

可以喔！除非**把染劑大量且長期的口服**，才會造成實驗室老鼠得癌症。而 IARC 國際癌症研究所也提到：「依現有流行病學資料，無法認定染髮劑對一般消費者具有致癌性。」綜合上面的結果來看，其實我們可以發現如果是依照正常染髮頻率及劑量使用的情況下，是不會致癌的。

染髮劑中最有疑慮的成分為 PPD，也就是**對苯二胺**，對苯二胺很容易引起**過敏性皮膚炎、掉髮**等過敏反應。另外，國外研究發現，**有加上雙氧水處理的染髮劑比較有致畸胎的可能性**，而媽媽們如果染的髮色較淺就需要用到雙氧水來脫色。有部分的動物實驗在這些藥劑量增加後，會導致動物胎兒的問題！

雖然目前沒有明確的證據顯示這些藥劑對孕媽咪及胎兒會有影響，不過懷孕時期染、燙髮也不是百分之百安全的。如果孕媽咪想染、燙髮，到底安全週數在哪個階段？怎麼選擇會比較安心呢？

❶ 染、燙髮最好等到懷孕 3 個月以後
前 3 個的月胎兒正值器官發育期，容易造成畸形。

❷ 1 年最多染髮、燙髮 2 次
以免累積的藥物影響胎兒健康。

❸ 染髮或燙髮要避開頭皮
只處理頭髮中段和尾段，減少頭皮對藥物的吸收。

❹ 選擇天然染劑
例如植物染，雖然效果可能較不持久，但安全性是比較 OK 的。孕媽咪們可以到衛生署的「**化粧品許可證網站**」查詢自己使用的染髮劑的成分是否合格。

❺ 染劑顏色要小心
即使是同牌子的染髮劑，顏色不同，染劑的成分也不一樣！所以要針對自己要染的髮色去查詢。

3 如果不小心使用到前面那些不安全的成分，或是染髮之後才發現懷孕了怎麼辦？

其實媽咪們也不必太驚慌，只要立即停止使用這些成分的產品就可以了，尤其只是在臉部塗抹這些產品，根本不到全身皮膚的 10%，對胎兒造成的影響實際上是微乎其微的，有些媽咪會很緊張以為就要馬上終止妊娠，其實這是不需要的！而且染髮只是一次性的接觸，藥的劑量相對而言是不多的，只要告知婦產科醫師這些狀況，定期產檢做後續的追蹤就好了。

QA Dr.丸美醫 有問必答

Q1 懷孕時期長斑和色素沈澱,可以打雷射嗎?

A 我不太建議孕媽咪們以雷射的方式處理斑點,無論是哪種雷射,我建議醫美療程部分都盡量避免,通常不是因為療程本身會對胎兒造成影響,而是怕療程中媽咪們因為疼痛或是緊張而發生子宮收縮的情形,給肚子裏的小寶寶帶來風險;再者,由於荷爾蒙的關係,打完雷射後很容易造成色素沈澱 (俗稱反黑) 的情況。

因此建議孕媽咪還是生完之後再施打比較保險,一般會建議生完 4~6 個月之後再來做雷射療程的評估,因為要等體內的賀爾蒙比較穩定了,有時候新手媽咪照顧小孩晚睡、壓力大等等,都會使賀爾蒙不穩定,斑點反而在這個時候冒出來,如果在這個時候就馬上打雷射,除了改善的效果有可能不明顯之外,還有可能讓斑變得更嚴重喔!

Q2 愛美的孕婦可以做 SPA 嗎?

A 孕婦 SPA 和去角質都是可以做的,尤其懷孕後期容易水腫和不舒服,也容易腰痠背痛,我推薦孕媽咪可以 1~2 周做 1 次孕婦 SPA,藉由按摩來舒緩水腫和放鬆,我自己懷孕的時候也有做,每次做完都覺得很舒服放鬆。知名的瑜珈天后 LULU 老師就曾在她的「好孕瑜珈」一書中分享孕期大肚子做 SPA 的經驗,所以讀者們可以去找合格安全的 SPA 中心放鬆一下。♛

A Thank You to
Our Reader

獨売出版
MAXWiN

👑 獨売 star 01

絕對 快瘦美
丸女神の
獨家保養聖經

數十萬粉絲敲碗，最想知道
神級保養清單大公開！

國家圖書館出版品預行編目 (CIP) 資料

丸女神の絕對快.瘦.美：獨家保養聖經：醫界「人
間芭比」，教你自帶光環神級保養術 / 王彥文著 .--
初版 .-- 臺北市：獨売出版, 2021.04
　面；　公分 .-- (丸女神；1)
ISBN 978-986-06418-0-6(平裝)

1. 皮膚美容學

　　　　　425.3　　　　　　110005109

作　　者／王彥文
社　　長／鍾家瑋
主　　編／陳安儀
出版發行／獨売出版
　　　　　台北市大安區安和路二段 7 號 8 樓之一
　　　　　新北市板橋區漢生東路 272 之 2 號 28 樓
　　　　　電話◎ 0905-028-700
　　　　　Email ◎ win88@win-wind.com.tw

封面原創概念／ F1 工作室
內頁原創版型／樂開飯工作室
封面設計／李開蓉
內頁設計／李開蓉、李建國

初版一刷日期／ 2021 年 4 月 27 日
法律顧問／永然聯合法律事務所
有著作權　翻印必究
如有破損或裝幀錯誤，請寄回本社更換
ISBN ◎ 978-986-06418-0-6
趨勢出版集團
Printed in Taiwan
本書定價◎ 380 元

總經銷／時報文化出版企業股份有限公司
電　話／ (02)23066842
地　址／桃園市龜山區萬壽路 2 段 351 號